教育部人文社会科学研究规划基金项目

（项目名称：生态文明视域下的吊脚楼民居与聚落研究，项目编号：15YJA760035）

吊脚楼民居营造技艺

王红英　吴巍　郭凯　杜晓莉◎著

中国电力出版社

内 容 提 要

吊脚楼民居作为中国古老建筑风格的代表之一，其中饱含了大量中华民族的民间智慧。本书以吊脚楼民居为切入点，从吊脚楼民居的形式分类、风格特征、吊脚楼生态文化、特色村寨、保护性再生设计等方面入手，深入分析吊脚楼民居的建造技艺及生态智慧与艺术价值，旨在从中汲取传统造物思想精髓。在城镇化进程中，面对大量原生民居逐渐消失的当下，这种研究将对当代建筑设计提供一定的借鉴与启示。本书适合建筑设计、景观设计、城市规划设计等相关设计专业研究者，同时也适合传统文化研究者阅读。

图书在版编目（CIP）数据

吊脚楼民居营造技艺／王红英等著．—北京：中国电力出版社，2019.4
ISBN 978-7-5198-2727-4

Ⅰ．①吊… Ⅱ．①王… Ⅲ．①民居－建筑艺术－中国 Ⅳ．① TU241.5

中国版本图书馆 CIP 数据核字（2018）第 293236 号

出版发行：中国电力出版社
地　　址：北京市东城区北京站西街 19 号（邮政编码 100005）
网　　址：http://www.cepp.sgcc.com.cn
责任编辑：王倩（ian_w@163.com）
责任校对：黄蓓　王海南
装帧设计：锋尚设计
责任印制：杨晓东

印　　刷：北京盛通印刷股份有限公司
版　　次：2019 年 4 月第一版
印　　次：2019 年 4 月北京第一次印刷
开　　本：787 毫米 ×1092 毫米 16 开本
印　　张：11.25
字　　数：320 千字
印　　数：1—1500 册
定　　价：68.00 元

前　言

　　传统民居营造技艺反映出历史的纵深和渊源，是古今的接续和延伸，留给后人永恒的民族精神气质，没有传统民居的研究就没有今天民族建筑的发展！在中国广袤的土地上，祖先们遗留下了许多伟大的建筑艺术作品，如吊脚楼这样的优秀建筑就是中华民族传统建筑在世界上延续历史最长、适应性最强、风格非常鲜明的一个建筑体系，人们应当对它有全面而深刻的认识。

　　在城镇化的进程中，城乡面貌发生了巨大的改变，来自异国文化的建筑在我国古老大地上层出不穷，传统建筑形式和村落形态受到较大冲击，城乡人文特色正在丧失，人们的乡愁文脉、情感归属感正在渐行渐远。面对这种压力，在多数建筑师关注大城市的同时，笔者将目光聚焦于吊脚楼这种古老而饱含智慧的传统民居聚落，着眼于其深厚的生态智慧和艺术价值，并从中汲取传统造物思想精髓，挖掘其对当代的宝贵启示与价值，执着于保护与传承中的设计创作。

　　笔者在多年的教学科研中倾注了大量心血，投入了非常多的精力。那些教学科研工作中的点点滴滴，专著选题与框架的拟定，课题申请及项目对接，研究技术路线的推敲，短学期实践教学组织及成果汇编整理，毕业设计课题的选题和辅导过程的组织调整及指导跟踪等，使得这本书得以问世。

　　感谢对本书给予帮助和支持的师生，华中科技大学吴至雅同学整理资料付出的辛勤劳动，胡婵、黄艳雁等老师提供资料。此外，课题组的湛佩文、周昱杏、廖剑云、董百灵等同学进行了项目方案设计，硕士生李志航、丁珮等同学参与了资料收集与整理工作，还有参与短学期实践同学们投入的工作，在此均给予高度赞赏并致谢！然而，我们最欣慰的成果是学生们一茬茬成长起来，桃李芬芳！

　　感谢湖北省生态道路工程技术研究中心资助。还要感谢中国电力出版社给予支持和帮助的朋友们，你们为本书付出了汗水和智慧！

　　本书在编写过程中，参考了国内外众多学者的研究成果、文献资料及部分图片等，在此谨致谢意！参考文献均尽力注明，但由于内容调整频繁，难免有所疏漏，敬请指出，以便补遗。

　　限于作者在交叉学科的专业局限性以及调研收集资料的不足，书中纰漏之处，恳请读者和业内人士多加指正！

王红英　吴　巍　郭　凯　杜晓莉

2018年10月于武汉

目　录

第一章
传统民居与聚落

中国幅员辽阔，民族众多，各民族有着不同的历史文化背景和生活习惯，加之南北东西各地的地形地质地貌与气候水文条件差异较大，形成了形式多样的民居，经过人类千百年的繁衍生息和历史变迁，各地目前尚存且保存完好的民居及聚落已经相对比较有限。传统民居是我国建筑大家族中的重要组成部分和特有的建筑形式。我国地域辽阔，各地传统民居的建筑形式绚丽多彩，姿态万千，具有鲜明的民族特征和地域特征。各地民居在平面布局、结构造型、细部特征诸方面各有千秋。乡土聚落作为社会的基本单元，蕴含了乡土文化和乡土生活的各个方面的内容，是有一定的外部范围和内部结构的系统的整体。传统民居聚落的营建和空间形态的研究过程，不仅反映出对自身生存空间的理解和追求，也是社会文化和历史文化相关联的非物质因素的物质化体现。

中国传统民居与聚落具有厚重的文化内涵，无不体现各族先人的生存经验和生态智慧，是人类历史发展的印迹，更是中国宝贵传统文化的载体。中国传统民居与聚落蕴含的文化内涵丰富多彩：由清末深宅大院演化而来的北京四合院是老北京传统市井文化的代表；享有"人间天堂"之美誉的江浙则孕育出小桥、流水、人家的江南水乡；皖南古村落"四水归堂"是徽派建筑的文化内涵；客家龙围屋群（大土楼）是"天圆地方"建筑布局思想的典范；具有显著"冬暖夏凉"生态特色的黄土高原窑洞，与黄土高原的地理和人文环境有密切的关系。此外，最具特色的当首推武陵山区的吊脚楼，依山就势、临水而居的吊脚楼呈现出独特的地域性文化特色，是人类高度认识自然、顺应天地的产物，极佳地反映出"天人合一"的生态观。

第一节　民居分类

一、北京四合院

"四合院"的字面意思即东、西、南、北四面房屋围合在一起，形成一个规整的方形院落。四合院作为老北京的传统民居，历经数百年的发展演变，在院落布局、空间结构、内部装修上都由内而外地散发着独一无二的京味（图1-1）。

北京四合院属于封闭式住宅，传统四合院一般坐落于依东西向的胡同，俯瞰呈方形，坐北朝南而建，基本布局是北房（正房）、南房（倒座房）和东、西厢房

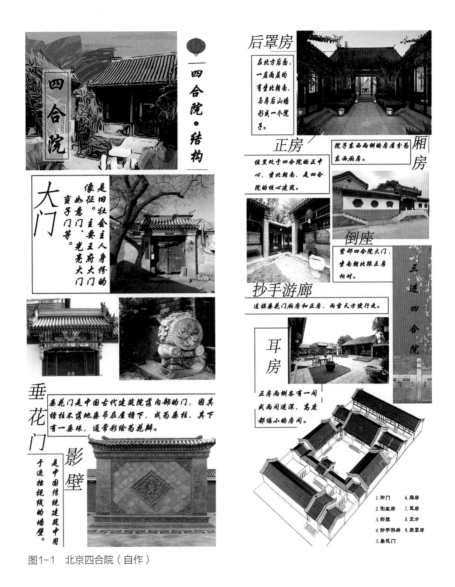

图1-1　北京四合院（自作）

分四面而居，四周再围以高墙形成四合，开一个门，大门辟于宅院东南角"巽"位，中心为庭院，四面房屋围合。

四合院私密性极强，四周高墙围合，仅有一扇大门对外，中间是宽敞的庭院，院内种花植草，叠石造景，自有一番天地，是人们主要的生活休闲场所。这样的住宅格局，既能使居住者贴近自然，又能营造其乐融融的祥和氛围，最受北京人的喜爱。四合院大小规模不同，其中普通居民的住所多为中小型四合院，府邸、官衙用房则多为大四合院。北京四合院一般是一院一户，但也有多户合住一院的情况，这种以贫困人家居多，就是俗称的"大杂院"。中小型四合院房间总数一般是北房3正2耳5间，东、西房各3间，南屋除大门外4间，连大门洞、垂花门共17间，如以每间11~12平方米计算，全部面积约200平方米。

北京四合院不仅选址布局讲究，而且蕴含着丰富的文化内涵。北京四合院从选址、定位到确定每幢建筑的具体尺度极其讲究，装修、雕饰、彩绘无一不体现着老北京独特的民俗民风，就其雕饰来说，人们采用谐音、借喻、会意等手法，创造出寓意丰富的图案，来寄托人们对幸福美好、富裕吉祥的生活的向往与追求。另外，北京四合院还反映着中国传统的宗法制度，体现着"天人合一"的思想。北京四合院是中国传统民居的典范，具有极大的研究价值。

二、徽州民居

徽州民居指的是徽州地区具有徽派传统风格的民居，古时的徽州下设黟县、歙县、休宁县、祁门县、绩溪县、婺源县六个县。自秦建制以来，悠久的历史沉淀，北亚热带湿润的季风气候，山水相间的特殊地形，以及人们的智慧创造了别具一格的徽派民居建筑风格（图1-2）。

现存保存完好的徽州民居主要分布在安徽省的黄山市、绩溪县及江西省的婺源县，民居种类有十五类之多。徽居代表性的村落有西溪南、呈贡、西递、宏村、唐模等，或热闹或宁静平和，各具特色，却都会在不经意间触动人的心弦。

徽州古村落以易经八卦理论为指导，山水择地、村落布局、建筑营造的方式，体现了孔子"天人合一"的哲学思想和天地万物相生相克的先哲理论。在古徽州，几乎每个村落都有一定的择地选址依据，或依山势扼山麓、山坞、山隘之咽喉，或依水而居沿着河曲，按照渡口、岔流的要冲。有呈牛角形的，有呈波浪形的，有呈云团聚形的，各色各样，气象万千，各自依据山形地势，创造出极妙的人工水系。徽州民居多处于与徽州山地"高低向背异、阴晴众壑殊"的环境，人们以阴阳五行为指导，不遗余力地去选址建村，来祈求上天赐福，衣食充足，子孙昌盛。

徽州古民居建筑大部分依山傍水。山不仅挺拔秀气，还可以为人们挡风，方便取柴烧火做饭取暖。水则给人以清秀淡雅的美感，既可以方便日常的饮用、洗涤，还可以灌溉农田，发展农业。徽居古村落内，街道比较窄，黑白相间，高低错落，两侧的白色高墙宽厚高大，灰色马头墙造型别致，但并没有让人感觉束缚

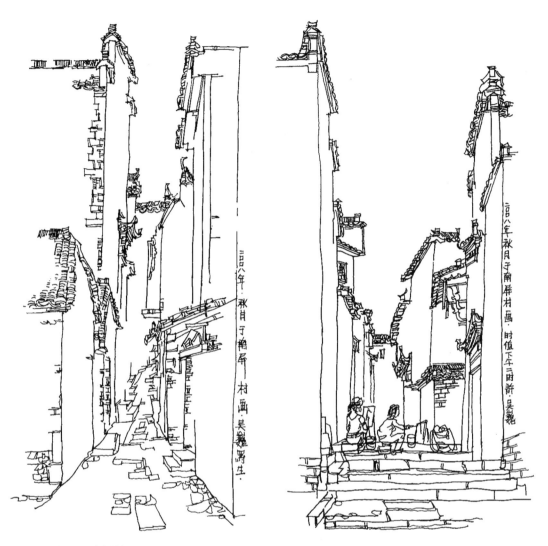

图1-2 徽州民居（自绘）

和不自在，反而显得亲切淳朴。房屋布局非常节省土地，并使各家各户独立并区别开来，而且便于防潮、防火、防盗。粉墙灰瓦的房子，在青山绿水的掩映中十分雅致。徽居的天井可以用来通风和采光，并且四水归堂，符合肥水不流外人田的朴实的心理追求。

古徽州人崇尚人与自然的和谐发展，欣赏自然的风景秀丽，追求天人合一的状态。徽州民居建筑群风格独特、典雅明净，与大自然紧密相融，像一幅灵动的山水画，形成了既实用又富有情趣的生活居住环境。徽州民居将中华三大地域文化之一的"徽文化"鲜活地呈现了出来。徽州民居工整的布局、精巧的营造、稳固的结构，以及细致的装饰都得到公认，特别是深远的文化内涵和优雅别致的田园风光是国内古民居建筑群所罕见的。徽州古民居建筑之所以名扬中外，不仅在于它历经沧桑依然保留完整、风格统一，而且造型多样，形式极具艺术感，更在于它的古香古韵，是深厚的历史文化底蕴造就了徽派民居的地位。

三、江南水乡

江南水乡民居的整体面貌，显现出一座座色彩淡雅、轻巧简洁的房宅安置于潺潺流水之中，平台楼阁交互参合、高低起伏、错落有致，建筑因地制宜临河贴水，空间轮廓柔和而富有美感。因此，江南水乡别具一格的民居风格，常被人称为"粉墙黛瓦""小桥流水人家"（图1-3）。

江南水乡民居分布在河湖港汊附近，具有代表性的有浙江中部民居、浙江杭嘉湖平原地区民居、江苏苏州民居等。江南水乡的民居以苏杭最具代表性，江南物产丰富，住宅规模和布局也极富特色。这类适应水乡特点、充分利用空间、布置合理、体型美观、合理使用材料的住宅，表现出清新生动的面貌，深得当地人们喜爱。

江南水乡民居作为中国传统民居的重要组成部分，其布局方式上的特点和北京四合院大致相同，只是相对来说院落面积较小，布局较紧凑，以此来适应当地较多的人口数量和较少的农田用地。住宅的大门多开在中轴线上，进门而对的正房为大厅，后院常建二层楼房，且南方民居通常房房相连，中间由风火墙隔断，庭院面积不大，再加上四周高墙，便形成房宅中的采光通风口——天井。又因屋顶内侧坡的雨水从四面流入天井，因此将这种住宅布局称为"四水归堂"。

四水归堂式住宅的个体建筑以传统的"间"为基本单元，房屋开间多为奇数，一般为三间或五间。每间面阔3~4米，进深五檩到九檩，每檩1~1.5米，各单体建筑之间以廊相连，和院墙一起，围成封闭式院落。但是为了利于通风，多在院墙上开漏窗，房屋也前后开窗。水乡民居结构上的特点是以穿斗式木构架为主，不用梁，而是以柱直接承檩，外围砌较薄的空斗墙或编竹抹灰墙，墙面多粉刷白色。屋顶结构也较北方住宅为薄，墙底部常砌片石，室内地面也铺石板，以起到防潮的作用。厅堂内部随着使用目的不同，用传统的罩、木槅扇、屏门等自

图1-3 江南水乡（自绘）

由分隔。梁架仅加少量精致的雕刻，涂栗、褐、灰等色，不施彩绘。房屋外部的木构部分用褐、黑、墨绿等颜色，与白墙、灰瓦相映，色调雅素明净，与周围自然环境结合起来，形成景色如画的水乡风貌。

四、武陵吊脚楼

武陵地区是巴楚文化的发源地，武陵少数民族采用的吊脚楼民居颇具民族特色，吊脚楼还有一个别称叫"吊楼子"，轻盈的"丝檐"和宽阔的"走栏"使吊脚楼自成一派，使吊脚楼甩掉了传统的栏杆式的包袱，较成功地摆脱了原始性，极具文化价值，因此被称作巴楚文化的"活化石"（图1-4和图1-5）。

吊脚楼是我国武陵山区壮族、侗族、布依族、水族、苗族、土家族等少数民族采用的传统民居形式，大多分布在渝东南及桂北、鄂西、湘西、黔东南等地区。目前这种住宅在我国西南的武陵山区还仍有建造。

图1-4　湘西吊脚楼1（自绘）

图1-5　湘西吊脚楼2（自绘）

吊脚楼的形式多种多样，有以下几种类型：单吊式、双吊式、平地起吊式、四合水式、二屋吊式集中。

吊脚楼被称作干栏式木构建筑，一般分上下两层，上层通风、干燥、防潮，作为居室，下层是用于饲养猪牛家畜的栏圈或用来堆放杂物的仓库。吊脚楼最基本的特点是屋子主体建造在实体地面上，厢房除了一边建造在实地与正房连接，其余三边皆悬在空中，楼板用柱子支撑。

吊脚楼附着山体根据地势而建造，大约两层楼高的木构架由当地盛产的木材搭建而成，起支撑作用的木柱子因地势不同长短不一。廊柱大多不做主要承重，起支撑作用的主要是楼板层挑出的横梁，廊柱辅助支撑使悬空的挑廊变得更加稳固，也正是因为这种外形和结构特点被叫做"吊脚楼"。

五、藏寨碉房

藏族民居也被称作碉房，词语本意为堡寨，是一种用乱石垒叠或土砌的房屋，有三四层楼那么高，因为外观好似碉堡，所以被称为碉房。

藏族碉房大多修建在四川甘孜和阿坝，多为木结构。修建在甘肃南部的藏族碉房则多使用青海庄窠形式，说明地区条件限制了建筑形式，并且地区条件对民居的影响比民族因素的影响更大。四川茂汶地区居住的羌族也采用碉房建筑形式，其外墙为片石堆叠，建筑密度极高，并附建有防御性强的极高的碉堡及过街楼。

西藏各地也都有碉房，但风格却各有不同，比如拉萨的碉房多为内院回廊形式，放眼望去，全是碉房的窗户，进入院内，如同进了迷宫。而山南地区的碉房则多有外院，人们可以很方便地去户外活动。但所有的碉房楼顶都是平顶，在楼顶上人们可以进行各种活动。

在拉萨等地区，能够看到的三层或更高的碉房大多是由旧西藏贵族所修，也有的碉房只有一层，也就是人们所说的平房，这种碉房和帐篷大小类似。碉房的尺寸主要依据主人修建碉房的经济条件和家庭人口数量来确定。碉房一般分为三层，最底层为牲畜圈以及放置杂物，二层为客厅和卧室，最上层为佛堂和晒台，用于集体活动。四周墙壁用毛石垒砌，很少开窗，内部设有楼梯贯通上下，易守难攻，类似碉堡。窗口大多做成梯形，并探出黑色的窗套，窗户上沿砌做披檐。

在西藏，人们以"柱"为单位修建房屋，1"柱"为2米×2米的方形，所以碉房的平面形状都是方形的。有些人修十几"柱"的大房屋，外观大气；而有些人只修二三"柱"的小房屋，简洁朴素。众多错落有致的碉房连在一起，非常壮观。碉房每层高度只有2.2~2.4米，高个子进屋，虽然一般不会碰到头，但也要时间长了才能习惯，即使个子比较矮小的人，也会觉得有些压抑。好在碉房楼顶都是平的，人们只需要再上一层楼即可感到神清气爽。

六、蒙古包

蒙古包是蒙古族牧民居住的一种房子，适用于当地居民的牧业生产和游牧生活。自古以来，蒙古包就是蒙古族最具代表性、最具传统性的特征物。蒙古包是用特制的木架做"哈那"（蒙古包的围栏支撑），用两至三层羊毛毡围裹，之后用马鬃或驼毛拧成的绳子捆绑而成，包内宽敞舒适，包顶开有天窗可采光、通风，既便于搭建，又便于拆卸，适于游牧走场居住。

蒙古包作为蒙古族牧民居住的民居，主要为适应当地居民的生产生活方式而产生，因此主要分布在内蒙古的蒙古族居住地带。在中国，随着蒙古族游牧习俗向定点放牧或舍饲半舍饲的转变，蒙古族人民几乎完全定居在砖瓦房或楼房里，如今只有在特定的旅游区才能见到传统意义上的蒙古包了。

蒙古包高约十尺至十五尺，包门面向南方或东南方，其大小则依据主人的经济状况和地位而定，普通小包只有四扇"哈那"，适于游牧，通称四合包，而较富裕人家的大包可达十二扇"哈那"。蒙古包的周围用柳条交叉编成高五尺、长七尺的菱形网眼内壁，蒙古语把它叫做"哈那"。包顶是将七尺左右的木棍以伞形绑在包顶部的交叉架上作为支架，再以羊毛毡覆之。侧壁同样以木棍为支架，以羊毛毡覆之。

蒙古包内的陈设主要依据敬奉香火、信奉神佛的传统而行，同时也与男女的劳动分工密不可分。蒙古包的空间分为三个圆圈，东西的摆放分八个座次，八方都可用于安放东西，由于南面有门，不能放东西，不算作座次，再加上用于安排香火（灶火）的正中座次，共八个座次。也有说法将其分为九个座次，此种说法将南门算作一个座次。

七、福建土楼

福建土楼因其大多数为福建客家人所建，故又称"客家土楼"，客家土楼是福建民居中的瑰宝，同时又揉进了人文因素，堪称"天、地、人"三方结合的缩影，数十户、几百人同往一楼，反映了客家人聚族而居、和睦相处的家族传统。福建土楼历史源远流长，是世界独一无二的大型民居形式（图1-6和图1-7）。

土楼作为闽粤民居的代表，主要分布在中国东南部的福建省、江西省、广东省的客家地区，据悉有3000余座福建土楼建筑已被正式确认，主要分布在福建的龙岩永定县、漳州南靖县和华安县，其中又以客家土楼为代表。土楼的发源地和分布区是永定县，现于永定县有土楼23000座之多，其中有"三群两楼"被列入《世界遗产名录》，其他具有代表性的还有初溪土楼群、洪坑土楼群、高北土楼群、衍香楼、振福楼等。

土楼，即以生土版筑墙作为承重系统的两层以上的房屋，具体说来，就是利用未经焙烧的沙质黏土和黏质沙土按一定比例拌和而成的泥土，以夹墙板夯筑而成墙体（少数以土坯砖砌墙），柱梁等构架全部采用木料的楼屋。土楼分为长方形楼、正方形楼、日字形楼、目字形楼、一字形楼、殿堂式围楼、五凤楼、府第式方楼、曲尺形楼、三合院式楼、走马楼、五角楼、六角楼、八角楼、纱帽楼、

图1-6 福建土楼（自绘）

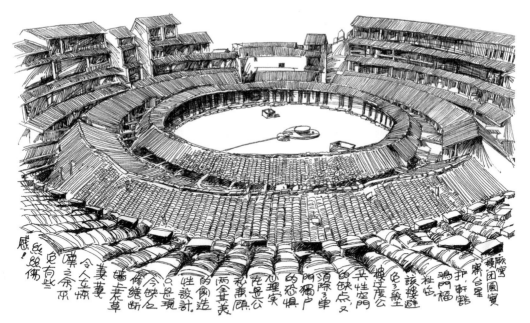

图1-7　福建土楼围屋（自绘）

吊脚楼（后向悬空，以柱支撑）、圆楼、前圆后方形楼、前方后圆形楼、半月形楼、椭圆楼等30多种，其中数量最多的是长方形楼、府第式方楼、一字形楼、圆楼等。

　　土楼作为客家人的一种传统民居，最大的特点是以族聚居，客家人在从北方中原南迁的过程中，吸收了沿途各式各样的建筑风格。土楼体量大、房间多，一般可住三四十户人家，大的土楼甚至有五六百个房间，能住800人左右。土楼的设计主要是出于防御的目的，一般土楼的一二层天衣无缝，不太开窗，直到三四层才有窗户，而且窗户随着楼层增高而加大，往往三层的窗只是个小缝，顶层的数永定土楼王——承启楼窗最大，并设有眺望台，类似今天的阳台，兼有瞭望的性质。

八、华北窑洞

　　窑洞是依山势开凿出来的一个拱顶的山洞或土屋。西北黄土高原这种古老的居住形式，其历史可以追溯到四千多年前。这种传统民居施工简便且冬暖夏凉。在中国陕甘宁地区，这里沉积了很厚的黄土层，这些深达一二百米、极难渗水且直立性很强的黄土层，为窑洞的建造提供了很好的基础。

我国是一个窑居比较普遍的国家，河南的郑州、洛阳、巩县，福建的龙岩、永定，广东的梅州，山西的临汾、太原，陕西的延安，新疆的喀什、吐鲁番，甘肃的敦煌、平凉、庆阳、甘南、兰州，宁夏的银川等地区都有窑洞分布。新中国成立后中国的窑居居民总数达一亿一千万，现今仍采取窑居方式者则有四千万人之多。陇东黄土高原是黄土层最深厚的地方，也是居民窑洞最密集的地方。窑洞密密层层，鳞次栉比，被赞为"凝固的乡土音乐"。

窑洞建筑最大的特点就是冬暖夏凉，门洞处高高的圆拱装有高窗，在冬天的时候可以使阳光深入到窑洞内，以便更好地吸收热量。窑洞一般有沿崖式、下沉式、地坑式、土坯拱式等多种窑洞形式，其中沿崖式窑洞沿山边及沟边一层一层地开凿，它建造在山坡、土塬边，一般有沿山而上的多层台阶。下沉式窑顶为上层前庭，下沉式窑洞则是先挖一个方形地坑，再在内壁挖窑洞，形成一个地下四合院，内部空间也因为是拱形的，加大了内部的竖向空间，这样显得视野开阔、明朗。地坑式窑洞也见于黄土层厚的豫西平原地区，如河南巩县的地坑式窑洞，这样的窑洞从远处看去只见村庄的树木丛林，因为建筑都在土层下面，具有隐蔽性。土坯拱式窑洞是用土坯砌好拱顶后再覆上泥土保温，这种构筑非常适合北方的寒冷天气。

在千百年的历史演进中，人们创造出了深厚的窑居文化，土窑在装饰上的分类有：瓦片房檐、天花板延伸的房檐、模仿斗拱装饰的房檐。窑洞传统的空间又渗透着与自然的和谐，在建筑美学上独出心裁。

第二节　选址依据

人们因为生存等原因而生活在一起，从而形成了聚落，聚落是人类生活聚居地的统称，是一个固定的、无法流动的群体，聚落内包含了各种建筑物、道路、植被、水源等多种元素，是外部环境和内部结构构成的系统的整体。此外，聚落还体现出与社会文化和历史文化有关的非物质因素，传统民居聚落经过不断积累经验并不断改进，逐步发展形成更完美的群体。传统民居与聚落作为一个地区和民族的特定产物，总是扎根于具体的环境之中，受到所在地区诸多自然条件与人文环境的影响，包括具体的地形地貌、气候条件，以及各地区特殊的社会历史、民族文化、生活习俗、审美追求等方面的影响因素。

一、地理气候

我国主要是季风气候，降水量随着时间和地域分布不均，各地易出现不同程度的干旱和洪涝。古人在利用水的同时还要抵制洪涝灾害，聚落选址时经常选择海拔相对较低的河道弯曲的位置。聚落选址在地势较高的地方以有效避免潮湿，地处环境四周围合以抵御冬季风寒，民居采用封闭的屋顶形式以防止雨露雪霜。除此以外，古人质朴的观念认为有视线遮挡的地方处于背后，通常聚落背后遮挡、面前开敞。四季轮回的日照和降雨，带来山上万物顺应自然规律的变化，引导人们有规律地生产和生活。

历史上各个朝代的都城选址都会经过精挑细选，大部分古城池都依山而建，丽江古城环山而建，布达拉宫也是依山垒砌，民居与园林的选址同样具有一定的规律与原则。山体可以阻挡冬日的部分寒流，夏日里丰富的植被则为建筑送来了些许清爽的凉风，所以古代人们所建立的避暑山庄也都依山而建。

在平原地区，人们会选择地势相对周围高出来的部分建立聚落，有利于在雨季防止洪涝，苏州古城的选址也采用了相同的道理，而且苏州古城四周环水，更突出了它所处位置的地势之高。聚落的选址往往需要切合实际的生活和生产的需要，人们将平原开垦为粮田，从而更合理地利用土地。

二、资源利用

自然资源是聚落长期存在的物质基础，聚落最本质的功能是服务人类，满足人们生产与生活的需要。聚落选址时，资源利用是关键，土地植被、山川河流、道路小径等资源利用的合理性以及便利性，对聚落的发展与变迁影响很大。大多传统聚落都四周环山，有大片肥沃的土壤，有适宜的气候条件，靠近河流（图1-8）。依水而建的聚落在保护饮用水的同时，还可以通过这些水资源来灌溉田地，从而进一步获得粮食的丰收，河流还可为聚落提供便利的水上交通。徽州一些传统聚落的蓄水排水系统十分完善，至今仍在干旱和旱涝的地区发挥着不可或缺的作用。

山区聚落多分布在中间低、四周高的盆地，还有山间的河谷地带。其地形较

1. 接受夏日凉风　　2. 便利的生产生活用水　　3. 小气候调节
4. 良好的排水　　　5. 良好的日照　　　　　　6. 屏挡冬日寒流

图1-8　资源利用分析图（自作）

为平坦，修建道路成本低，植被多，土壤肥沃，拥有充分的水资源。许多聚落坐落于地形连绵起伏的山坡之上，聚落走向与等高线相平行，湘南传统聚落大多坐落于山麓的阳坡，可避风并获得向阳的良好环境。

三、人地和谐

中国传统聚落在聚落选址时，看朝向、看地形、看水源、看自然条件等是必不可少的，聚落与所处环境融为一体，达到"以我观物，物皆着我之色彩"的物我交融境界，环境生态系统具有结构模式层次丰富、周而复始、循环往复的系统作业等特点。

早期的人类不论是物力还是技术都十分有限，没有能力对自然环境进行大规模改造，出于本能的尊重自然、顺应自然，在磨合中形成初级"人地和谐关系"，对生态环境造成的影响从未超出自然环境的调控能力，与自然一直维持着一个动态平衡。传统聚落强调顺应自然、尊重自然的"天人合一"思想，村落民居与环境有机结合，选址多与山水树木相联系，所谓"居山水间者为上"。背山面水，负阴抱阳是古时聚落选址的最基本的原则，山环水抱之势是中国古人建立聚落最常用的布局方式，三面环山为聚落提供阻挡风沙的屏障，一面临水，也具有较好的庇护性。

中国早期的阴阳说与五行观念是殷周宗教思想的重要组成部分。注重对自然状态的描述，亦是一对哲学范畴，一种思维方法。阴阳五行思想对村落的选址、布局、禁忌等诸方面都有重大影响，营造山环水抱、重峦叠嶂、山清水秀、郁郁葱葱的自然环境的和谐风貌，形成良好的心理空间和景观画面，是心理上的满足，从而塑造一个完整、安全、均衡的世界。

第二章
吊脚楼生态文化

第一节　演变历程

第二节　文化特色

生态文明这种文明形态，是一种以人与自然、人与社会和谐共生为宗旨的文化伦理形态。生态文明背景下的生态文化表现，产生于特定的民族和地区，是生活生产方式、宗教信仰、风俗习惯、伦理道德等文化因素构成的具有独立特征的文化体系。生态文明产生于工业文明之后，历经代代沿袭传承，针对生态资源进行合理摄取、利用和保护，追求人与自然和谐相处、可持续发展的知识经验文化积淀，成为人类文明发展的一个新的阶段。在生态文化视域下，汲取传统吊脚楼文化精髓，传承传统吊脚楼文化，打造现代人居环境生态文明，建设资源节约型、环境友好型美丽乡村，是吊脚楼传统文化传承发展的必由之路。

第一节　演变历程

吊脚楼也叫"吊楼"，为广泛分布在我国西南山区——武陵山区的苗族、壮族、瑶族、土家族、布依族、侗族、水族等少数民族传统民居，在渝东南及桂北、湘西、鄂西、黔东南的山地区域，吊脚楼特别多。吊脚楼多依山靠河就势而建，悬空的干栏起支撑功能，属干栏式建筑体系，故称之为半干栏式建筑。20世纪70年代以来在武陵山地区，陆续发现了几十处4万年前的旧石器时代遗址，其中发现在有森林的地域上留有"构木为巢"的遗迹。伟大诗人屈原在《九歌·东君》中写道："暾将出兮东方，照吾槛兮扶桑"，"槛"就是指"干栏式建筑"，所说的正是清江流域楚地苗族、土家族等少数民族先民们的住房。近些年以来，专家学者们相继以考古和史料为依据，对吊脚楼做了深入研究，相关资料非常丰富。

1963年中国科学院考古研究所安志敏在《考古学报》第2期上发表《"干兰"式建筑的考古研究》一文指出："干兰"式建筑为我国古代流行于长江流域及其以南地区的一种原始形式的住宅，指出其"依树积木以居其上"。1983年宋兆麟等著《中国原始社会史》记述：迄今为止能肯定为干栏式建筑遗址的以河姆渡遗址时间最早，遗存最丰富，仅在第四文化层就发现了带有榫卯的建筑构件数十种，还有柱头榫、柱脚榫、梁头榫以及直棂栏杆榫和企口板，并指出杆栏式建筑已有7000多年的历史。1999年费孝通主编《中华民族多元一体格局》（修订本）中说：南方从巢居发展为干栏式建筑，已发现的最早遗存是距今7000年以前浙江余姚河姆渡遗址的干栏式建筑，其构巢方法，兼用榫卯和绑扎，技术水平已相当高。1999年，由徐仁瑶、王晓莉编著《中国少数民族建筑》一书指出：干栏式民居是我国南方许多少数民族中典型的传统民居，大多数少数民族居住在山区，依山傍水，聚族而居，这些少数民族善于利用山区的零碎地形，建造出极富民族色彩的吊脚楼（图2-1和图2-2）。

图2-1　土家吊脚楼（自绘）

　　干栏式吊脚楼的发展历程大致可归纳为巢居—栅居—半干栏—干栏四种形制，在漫长历史中分阶段缓慢进行演变。原始狩猎时期是一种由树枝与树叶搭建的简陋状态，到封建社会吸收了部分汉文化后逐步改善，直到后来民国时期政治和生产力上有所发展，平民建成的木瓦结构房屋，屋脊用瓦片堆砌，两头提成翘角，中间大多垒成"品"字形，有钱人的房屋建筑细部结构造型丰富，室内结构梁柱、屋檐、门窗等装饰精美。社会发展到今天，人们对吊脚楼已经普遍有了初步了解。吊脚楼主要有"一"字型、"L"型、"撮箕口"型、"现代"型和"复合"型等多种类型，民间也称单吊式、双吊式、四合水式、二屋吊式、平地或立水起吊式等，均呈虎坐形依山靠河，在大地、山川与河流之间如同水生土长一般。

　　吊脚楼民居演变历程与特殊的生态环境、生产活动有极密切的关系。因地制宜、就地取材、容易搬迁等是南方少数民族民居的突出特点。历史上，武陵山区的生存环境十分恶劣，山区范围耕地非常有限，为了种植农作物，房屋只能选

图2-2　苗家吊脚楼（自绘）

择临水或依山而建，吊脚楼呈虎坐形倚靠坡地，干栏支撑，底层架空，防虫防潮，人们用来养猪，储存柴火，人们在与大自然的长期生存抗争中，实现了吊脚楼的变迁与生态演变。今日武陵山区的吊脚楼是在适应山地条件下经过无数次演变而成的形式，是随着南方少数民族先民由长江中下游流域，从东到西不断迁徙带来的建造工艺，是在适应自然环境条件下，具有本民族独特风格的民居形式。

千百年来，土家族先民靠山吃山，靠水吃水，创造了丰富多彩的吊脚楼文化与吊脚楼民族文化的重要物质载体，不仅在一定程度上展示了少数民族深刻的生态观、家庭伦理观、宇宙观和民间信仰，而且还在家庭教育、民族文化的传承与创新过程中也发挥了重要作用。吊脚楼经历了一个生态的演变历程，这是一种"人法地，地法天，天法自然"的生态文化。存在于民间没有被特殊雕琢的、散发着乡土气息的文化被称为原生态文化，相对封闭的自然地理环境，使吊脚楼保存了古朴神秘的原生态文化。吊脚楼原生态文化通过原生态唱法、原生态舞蹈等表达方式逼真地演绎表达出来。吊脚楼下看清江流域的"跳丧"，识字与否的人们个个会唱屈原的《九歌》和《国殇》，酉水流域的"摆手舞"令人想起三千多年以前的牧歌之战，这些原生态民俗歌舞使吊脚楼极具"干栏"遗意。

第二节　文化特色

吊脚楼是在武陵山区特殊的地域性地理气候背景下产生的，这种传统民居聚落文化在居住堪舆学、风貌格局、建筑装饰、乡愁文脉情感等方面都与特殊的地域生态紧密联系，具有典型武陵山区的地域生态鲜明印迹。

一、生态理念

堪舆学是古人选择应对环境的一门学问，是人类在长期的居住实践中积累的宝贵经验。所谓择吉而居的吉的因素，指所居之地朝阳光、避风雨、防火灾、近水源、利出行。

武陵山区的吊脚楼千百年来立于天地万物之间，极佳地反映出"天人合一"的传统哲学思想，是中国传统天地自然观的集中体现。吊脚楼山寨、水寨聚落呈现负阴抱阳、背山面水之势，恰好符合"后要遮挡、前要开敞"的传统风水学理论。背对着山面向着水的地理条件，使整个居住环境得到充分的日照，同时规避了寒风，也减轻了潮湿，产生了一条"通风道"。风由吊脚楼的前方吹过，起到调节室内小气候的作用。村寨水资源可以供居民们进行灌溉、养鱼、洗衣等日常活动，还可用来防止火灾，屋后的山可以阻挡冬日的寒流，还可以保持村子周边的水土，极佳地体现出风水堪舆的"天人合一"绿色健康生态理念。恩施槽门寨子四面环山，依龙形山脉由东南向西北绵延数里，上游的犀牛洞流下的芭蕉河河水穿越整个村落，呈现出典型的"金带环抱"大吉的风水形势，这种半环状的布局形成一个人工生态系统，巧妙实现天人合一。

传统吊脚楼深蕴"天地宇宙"的空间观念。在土家人为庆贺吊脚楼落成而举行的盛大欢庆仪式中，上梁的祝辞"立房歌"为："上一步，望宝梁，一轮太阳在中央，一元行始呈祥瑞；上二步，喜洋洋，乾坤二字在两旁，日月成双永世享……"很明显"乾坤""日月"代表着天地宇宙，人们把它唱在口中，是对天地日月的祭祀、祈福，"乾坤"写于梁上，好比房屋可以包含宇宙，可以容纳天地。这样，在人的主观意识上使房屋、人与宇宙浑然一体，意指吊脚楼完全融合于自然，处于宇宙自然的环抱之中，这也是一种少数民族的原始宗教文化，显现出朴素而深刻的"天人合一"生态内涵。

二、生态布局

武陵虽地处中原，大山环绕，但自然环境并不比江南水乡富饶，在山地丘陵的地形地貌条件下，吊脚楼选址布局须因地制宜，武陵山区崇山峻岭，地形复杂多变，能作为农田的平坦土地就显得尤为珍贵，人们对待大自然始终怀着敬畏与感恩的心，他们在建造吊脚楼时都会尊重大自然最原本的模样，以期保护当地地表的"原生态"风貌。传统民居以聚落的形式存在，因地制宜的传统吊脚楼生态布局，使聚落整体呈现出依山就势、鳞次栉比的风貌格局。

古代的建造技术还不够发达，武陵山区先祖们发挥了工匠的智慧，在可耕种土地有限的情况下，选择随山就势、随弯就曲、随坡就坎的营造方式，这种选址方式不仅较少占用可耕土地，在很大程度上还节约了人力物力。聚落空间呈无中心的自由伸展状态，吊脚楼布局时而分散、时而紧凑，显得十分自由，道路也顺应山势自由延伸，聚落空间看似没有明显的规律，却乱中有序，层层叠叠，错落有致，极佳地显现出原生态的山地聚落风貌。

雷山县的西江素有"千家苗寨"之称，千户苗寨千幢楼房，鳞次栉比，层楼叠宇，参差错落，极为壮观。贵州雷山县各地区的苗族喜聚族而居，吊脚楼也因此往往连成一片，房屋天际轮廓线上下起伏，变化无穷，寨中道路时而顺山势蜿蜒，时而穿寨而过，时而夹于两幢屋檐之间，纵横交错，风貌格局呈现出一个有机的系统。千户苗寨主体位于河流东北侧的河谷坡地上，两座山包上密密麻麻地排列着千余户苗族人家，从山脚下一直排到山顶，青黑色的瓦顶将青山覆盖。苗族同胞在这里日出而耕、日落而息，清晨农家的炊烟笼罩原始苗寨，山坡上吊脚楼依山而建，山下是整齐的农田，形成一幅美丽的农耕文化田园风貌。宣恩县的彭家寨就建在平缓的山地平坝上，吊脚楼沿河布置，河水形成村寨天然的防御屏障，远观整个聚落的青山、梯田；由于地势的高差和灵活的山体形态，吊脚楼呈现出一级级层次向上延展、错落有致的聚落空间，在周围山水背景的映衬下，场面颇为壮观（图2-3）。

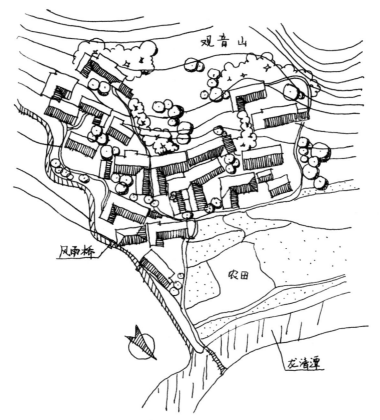

图2-3　彭家寨聚落布局（自绘）

三、建筑装饰

传统吊脚楼民居是武陵山区少数民族精神文化的物化载体，其建筑装饰虽不及汉族传统民居那么精细，却也反映出各自的民族信仰，充满了原始的生命力。少数民族文化上的独特个性滋养了吊脚楼的建筑装饰艺术，体现着浓郁的民族特色和地域风情，美轮美奂中蕴含深刻的人文精神内涵。传统吊脚楼建筑形态生动和谐，在屋面形态处理上，多采用斜坡做法，有利于雨水汇聚而下，线条的动感使整个建筑形态庄重且富有弹性和节奏感，给人一种粗犷洒脱、淳朴深沉和赏心悦目的艺术美感。

吊脚楼建筑装饰的形式、内容以及技法、工艺有鲜明的地域风格与朴实的民族特色。在建筑构件的重点部位进行适当的艺术处理，简洁纯朴、经济美观，可体现出民族文化的积淀。建筑中如屋脊、檐口、门窗、栏杆、瓜柱的装饰造型上，具有中国古代建筑造型的特质，工艺精湛，造型完美。栏杆是土家吊脚楼重要的元素，其图案装饰极讲章法，木栏上通常雕饰"回"字格、"喜"字格、"万"字格及凹字纹等图案，有些栏杆还在中央制作装饰性的"美人靠"，来进一步增强栏杆的实用性和形式美感。

土家吊脚楼民居，一般家庭门窗有古朴的木雕，大户人家还有精美石雕和砖雕。装饰的题材内容，主要取自本民族的历史、神话传说以及图腾纹样，在布局上强调整体与局部的统一，在风格上讲究简洁与精细的和谐（图2-4）。

图2-4　土家族白虎图腾装饰（自作）

传统吊脚楼装饰材料大多来源于大自然的馈赠，极具乡土生态气息。吊脚楼充分发挥木结构性能，大量采用悬挑构造手法，挑柱不仅是房屋的重要构件，还通常被雕成精美的金瓜形状，柱身则多饰以龙凤纹以及云回纹，这种类似于汉民族官式建筑"垂莲柱"的柱子悬空排列，使土家吊脚楼更显得轻灵飘逸、秀婉古朴。窗户的装饰主要是窗棂，一般用细木榫接雕花而成。门窗的雕饰题材内容多是花卉植物、龙凤蝙蝠、万字福字、吉祥如意等纹样，造型质朴，手法古拙而精细（图2-5）。木质墙板材料多采用刷桐油，保持木材的原色，也有少部分是刷彩漆，如飞檐口。

图2-5　吊脚楼窗格装饰（自作）

　　土烧小青砖瓦在传统吊脚楼中也被广泛采用。民居檐角和脊顶、脊背上的装饰精彩，翘角飞檐用泥胎烧制，纹样丰富，有鳌形、凤形、卷叶形等，轻盈、活泼、素雅兼而有之，脊顶饰以青灰或白石灰压顶，配以青瓦造型，屋脊的装饰多采用泥土烧制的小青瓦作为基本形态，重构形象成叶形、圆形等，兼有装饰与寓意，构成钱币形，表达"金钱满屋"的民间朴素祈愿（图2-6）。

图2-6　吊脚楼瓦当装饰（作者自摄）

四、乡土风情

民居是唤起人们历史记忆的实物形式，吊脚楼是物质的也是精神的，武陵地区因有吊脚楼而更富于地域民俗风情和少数民族文化特色，吊脚楼通过唤起人们的记忆实现文脉的延续。"一砖一瓦皆是史，一草一木总关情"，乡愁情结是文人墨客笔下表达对故土的眷恋的主题之一，吊脚楼这种种文脉，千百年来生动演绎着武陵山区的乡土风情，行走深山，常能看见一幢幢吊脚楼鳞次栉比，高低错落地建在缓坡上，木楼的斑点痕迹、屋檐下挂着的串串红辣椒、各式各样的竹背篓、墙壁上的一排排镰刀，生动的生活场撩起人们对故乡的眷念之情。乡愁情结牵绊下，凤凰沱江泛舟，可领略吊脚楼多姿的乡土风情，体验吊脚楼丰富的文脉内涵，抚慰如诗如画般的乡愁文脉生态情结。

吊脚楼是山地建筑的杰出代表，吊脚楼村寨是山地聚落的杰出代表。山地资源为传统吊脚楼文化的形成提供了丰富的以山为特征的地理环境，使得武陵先民不得不坐山靠山、住山吃山。聚族而居的吊脚楼群构成村落或称寨子，亦有单处的吊脚楼如点点繁星疏密有致，无论是吊脚楼群还是单家别院，都坐落在山山水水间景致极佳之处，大有"山深人不觉，全村同中居"的意境。村寨里古色古香的吊脚楼在绿野映衬下，背景是蜿蜒流淌自然生动的河流，村落里自然朴实的石材铺砌，吊脚楼与山体、树木、竹林、河（溪）水背景相互烘托和照应，使整个吊脚楼山寨聚落景观向美的境界升华，呈现出如诗如画的绝美景致（图2-7）。

吊脚楼建筑单体形体灵动自然，相互竞秀千楼各样，是乡土建筑中的优秀范例。随山就势建造的吊脚楼干栏式建筑，形成底层架空的地面与建筑过渡空间，使吊脚楼

图2-7　土家族吊脚楼民居（自摄）

看似从土里生长出来的。吊脚楼屋顶形式充满生机活力，栋栋老屋屋面曲折，坡屋顶造型线条延续到檐角时突然向上翘起，使吊脚楼以飞升飘逸之势，避免了架空带来的头重脚轻之感，灵巧丰富的屋角显示出流畅、风雅和挺拔的形体风格，高翘的飞檐犹如展翅欲飞的大鸟，恰如诗曰"如鸟斯革，如翚斯飞"，吊脚楼下石级盘绕，抬头仰望犹如空中楼阁的诗画意境。有人将吊脚楼比喻为建筑中的小家碧玉，清秀端庄，宁静古朴，呈现出高度契合自然的大美之境，散发着生命的真纯；身临其境，俗世的烦恼和困顿的胸怀都将会爽然而释。

第三章
传统民居保护

传统民居与聚落大多集中在较偏远的山区，在过去较长时期内多处于一种自生自灭的状态。近些年来随着经济与社会的发展，在文化及地域建筑全球化的背景下，异域文化的入侵使得越来越多的传统民居与聚落受到城镇化的严重冲击，传统民居与聚落这种传统文化瑰宝正在面临消亡的危机。随着城镇化进程加快，人口与产业集聚，不可避免会产生复杂的城市生态问题：诸如城市建设用地日益减少、传统建设的平坦土地尤为短缺；较高的建筑密度、人口密度正在形成恶性循环；大气污染、噪声污染、固体废弃物污染等生态问题越来越严重，城镇宜居指数持续降低，人与自然难以和谐共处，传统民居与聚落的经验价值引起人们的高度重视。

十八届三中全会提出，加快生态文明建设，继续推进"资源节约型、环境友好型"的社会进程。民居与聚落是生态文明的重要载体，生态宜居的人居环境是各地大小城镇争相迈向的目标。在这种背景下，研究吊脚楼民居与聚落，探索人居环境集约、节约用地用材的生态设计思路和方法，打造生态节能建筑，建设生态园林等，具有非常显著的意义。

生态文明是一种人与自然、人与社会和谐共生，以良性循环、持续繁荣为基本宗旨的文化伦理形态，经过了现代传承的传统文化方能称为生态文化。传统民居和聚落所蕴含的深厚文化，在建筑和景观领域更具有非常显著的借鉴和启示，传承与发展是传统文化的价值所在。汲取传统造物思想精髓，传承传统文化打造现代文明，在弘扬中国民族文化自信的要求下，为努力寻找传统民居与聚落的保护与再生的科学路径的重要使命，各界学者及管理决策层尚需不断探索。

在我国，传统民居与聚落的保护自20世纪80年代开始便引起学者们的关注。陈志华是我国乡土民居研究的倡导者，从1989年开始，陈志华与楼庆西、李秋香等率领清华大学建筑学院的乡土建筑研究组从事乡土建筑遗产的研究和保护工作，提出并实践了"以乡土聚落为单元的整体研究和整体保护"的方法论，为民居和乡土建筑领域开辟了新局面。彭一刚《传统村镇聚落景观分析》中以大量的照片和实测图介绍了传统村镇聚落；张良皋教授的《土家吊脚楼》《武陵土家》等对土家建筑与文化进行了精妙的诠释。近些年的成果更是越来越丰富，随着环境生态问题的凸显，许多专家学者纷纷意识到传统民居与聚落对现代人居环境具有非常重要的经验启示，展开了针对建筑、规划、风景园林等学科领域的广泛研究，这类成果均体现出一定价值。

在国外，自20世纪50年代起，西方工业发达国家就经历了"三P危机"，即

"人口爆炸"（Population）、"环境污染"（Pollution）、"资源枯竭"（Poverty）。这种背景下，英国著名环境设计师麦克哈格的代表作《设计结合自然》，阐述了人与自然环境之间不可分割的依赖关系，提出以生态原理进行规划操作和分析，使理论与实践紧密结合。1962年联合国教科文组织在《关于保护景观和遗址的风貌与特征的建议》中提出"环境"的概念，1972年颁布了《保护世界文化和自然遗产公约》；法、英、意、日等国以立法的形式保护传统遗产，关于历史城镇的有《华盛顿宪章》，关于乡土建筑的有《乡土建筑遗产的宪章》。在聚落景观研究成果方面，澳大利亚学者Neville D. Crossman研究城镇景观和自然生态系统之间的联系，提出了"城镇自然栖息地"的理念。美国的Jennifer J. Swenson & Janet Franklin指出山地的聚落景观环境将成为促进洛杉矶城市发展的一个重要因素。在研究的侧重点上，英国对聚落历史地理有较多的研究，法国重视社会经济史对聚落的影响，而德国则以聚落景观论为特色。

纵观国内外相关研究，均表现出对传统民居、传统聚落物质文化遗产的保护与开发工作的普遍重视。在相关研究趋势上，表现出保护与传承两个明显方向，即传统民居与聚落的保护性更新及可持续再生。

第一节　保护性更新

传统民居与聚落的保护传承引起社会广泛关注，决策层及相关领域专家学者们积极践行传统民居与聚落的保护传承，在帮助广大乡村居民改善生活环境的同时，走民居与聚落的保护性更新之路。在中国快速城市化、文化全球化发展进程中，当代的生活方式和价值体系依然带有强烈的工业文明的落后价值观念，生态文明的价值观念亟须运用科学方法进行引导。传统民居与聚落保护更新是四位一体的整体性保护更新，即从单体建筑、聚落空间格局、非物质文化以及自然环境四个方面，在保护与开发中延续与更新其本来的风貌与形态，高度体现原真性。

随着社会经济的发展，传统民居与聚落由于功能的局限性，很大程度上越来越不能满足当前人们生活的需求，如厨房卫生间的室内一体化，水电管网等墙体预埋要求，传统民居与聚落由于当前人们价值观念的转移而受到冷落。具体表现为：其一，传统村落由于长期无人打理，受到风雨等自然侵袭，腐蚀严重，传统村寨衰败趋势日益明显。其二，新建的民居和村庄倾向于选择在生活方便、交通便利的地方，由于农民建房大开大挖造成山体边坡突兀，严重破坏了原本和谐的山区传统自然风貌。其三，大量农村外出务工人员受到较多异地文化的影响，回乡建造房屋时，更易选择代表异域文化的小洋楼，代表异地文化的民居样式杂乱，异地民居建筑文化的强制植入无法找到生存根基，同时，依附于民居样式、村庄规划的文化失去了传统吊脚楼的生态依托，严重破坏了原本和谐的山区传统人文风貌。由此带来不协调的自然风貌和人文风貌问题，这是一种以生态文化丧失为代价的病态发展，传统人居环境环境生态文化面临严重挑战。

传统民居与聚落经历了千百年演变，自然风貌也已经完全烙下了人文的印迹。传统民居与街巷，河道、码头、风雨桥、古井、古树等文化遗迹共同构成人文风貌，山体地形、河道岸线、植被林木则综合构成特殊的聚落自然风貌。传统民居与聚落中的人文风貌和自然风貌布局巧妙，呈现出一个有机的系统，保护聚落整体的价值，其意义显然大于保护个体建筑的价值。聚落环境要素载体在生态演变中承载着浓郁的生态文化气息，离开了聚落整体的单体民居院落及其他文化遗迹，其生态文化价值无疑会大大降低。将独特的农耕文化、宗族制度、乡村艺术、民俗风情等非物质文化纳入保护范围，保护古村落乡村原始风貌，突出开发原汁原味的乡土记忆，不断挖掘与扬弃古村落人文生命之美，让承载了当地人人文记忆和历史的地方民族生态文化"细胞"得以延续。

就像人有遗传基因一样，传统民居也有其自身独特的建筑文化传承基因，那就是各种具有历史文化的建筑形式、构件、符号、装饰色彩、材料工艺和建构技术，是体现地域传统建筑文化的重要因素。作为传递各民族历史文化遗传信息的基本单位，这些建筑文化传承基因在传统民居中反映出多元的文化观、生态观及道德意义，决定着不同地域民族传统民居及其建筑文化传承和变异的历史走向。传统民居建筑的地域性，有许多方面还表现在地区的历史与人文环境之中，这是因为一个民族、一个地区人们的长期生活决定了历史文化的传统，创作者应该在这种地区的传统文化中来寻根，从传统民居中发掘出有益的建筑文化传承基因，并将其与现代科技文化相结合，使其更能满足新时代的生活要求。

在传统民居与聚落保护中，注重更新其机体活力。在尊重传统民居与聚落的基础上对民居建筑进行修和改造，采用本地材料与现代新型材料有效结合，以原基本材质为主，细微结构处添加现代化抗磨损材料延长建筑寿命，尽量采用原传统营造施工工艺，选用的建筑与景观材料的规格及施工工艺等均要有明确要求，以保持与传统要素的密切联系性，从而延续民居原真性风貌。

严禁新建项目破坏村落生态系统，严格控制扩展和更新的力度，在保持聚落整体格局的基础上保护原有赖以生存的自然生态环境，确保村落周围山体形态和植被不被破坏，杜绝乱砍滥伐树木，注重保护并恢复村落水系及河流内外岸线的形态，使聚落原有的"天人合一"风貌得以延续。

第二节 可持续性再生

再生设计让乡土民居建筑重新焕发生机活力。以徽派民居为例，结合文化创意元素，徽派民居山墙开窗增加了室内采光和空气对流的功能，弱化了马头墙的防火功能，但简洁处理保留其装饰功能（图3-1~图3-3）。对鄂东的荆楚民居改造更具有包容性，解决了高墙无窗的弊端，解决处理了空调外机的安置美观与安全问题，以及坡屋顶上的太阳能与建筑屋顶有机结合，太阳能的一体化设计整体而美观。

经过千百年的经验积累，各地传统民居形成了能适应当地地理气候的建筑设计手法和各种有效措施，再生设计主动地探求传统营造经验，在传承传统村落和文化的同时，强调人们对地脉文脉精神认同感，也注入了现代、低碳的理念。对传统民居与聚落进行适应现代人生活空间需要模式的改造，民居的改造设计在空间尺度和功能划分上进行改造，采用添建和改建的方式，在横向和纵向的尺度空间上实

太阳能面板位置

山墙开窗

预留空调机位

图3-1 山墙面开窗与太阳能板的利用（自作）

图3-2 徽派建筑立面图（自作）

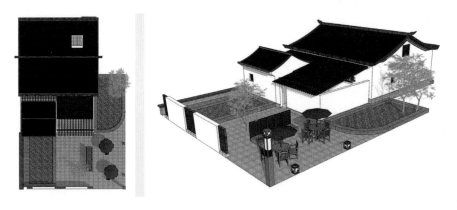

图3-3　徽派建筑平面与透视图（自作）

现延展，通过对建筑空间形式、色彩、装饰等元素的调和统一设计，使新民居建筑不失民族文化特色。荆楚传统民居的构筑形态特色是高台基、深出檐、巧构件等，应细致把握地域性特点，从而更好地实现传统民居的保护（图3-4和图3-5）。

　　社会发展对传统民居与聚落提出了新要求，紧跟时代步伐并增强中国文化自信，在传统民居与聚落基础上，应创新民居设计、村庄规划，积极探索再生设计，可持续发展传统民居与聚落的乡土地脉文脉。

　　再生原指地球上的资源可以源源不断地为人类做出长期贡献，传统文化保护中的再生则更多地体现了文化更新和传承的含义，包括物质文化形态和非物质文化精神的再生，或是设计中实现更高层次上的"形神兼备"。可持续再生民居与聚落乡土地脉文脉，要求尊重地域生态文化，坚持"再生设计""生态设计""保

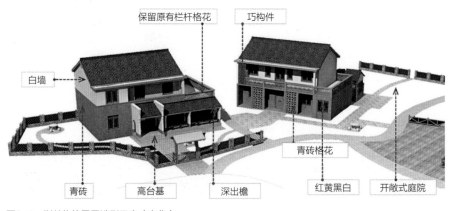

图3-4　荆楚传统民居造型元素（自作）

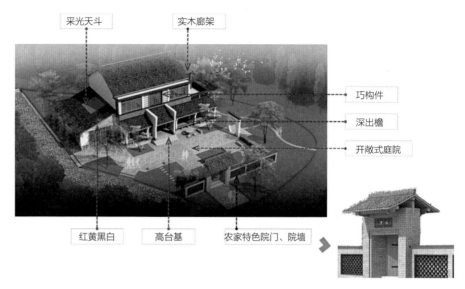

采光天斗　　　实木廊架

巧构件

深出檐

开敞式庭院

红黄黑白　　　高台基　　　农家特色院门、院墙

图3-5　荆楚传统民居与院落（自作）

护性设计"等理论思想，强调彰显地域性特色人居环境文化，并力图满足当前人们生存发展的高层次要求。通过现代民居改造设计、美丽乡村及乡村振兴规划设计，从细节出发，巧妙利用地方因子——地形、河流、植被、建材及施工工艺等，使新型民居、美丽乡村、地域环境三者之间更加和谐，设计出浓郁的乡愁氛围，让使用者在精神文化上产生一定的归属感。

再生设计多途径探讨民居节能方式（图3-6）。有选择性地保留能够代表地域性特征的建筑符号语言，使其在现代技术、材料下拥有新的活力，利用现代材料和技术手法表现建筑造型、建筑结构，使新民居更加和谐地与地域环境融为一

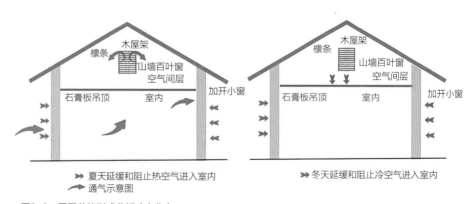

图3-6　民居节能形式分析（自作）

体。在材料的节能方面，各地民居的建筑材料有很大不同，以围护结构为例，就有土、砖、石、木、竹……选用的原则是因地制宜，就地取材，有利于获取方便、成本低廉、节约资源、节约运费、节约造价。土坯或夯土是最普遍采用的建筑材料，几乎遍及全国，其优点表现在技术成熟、施工简便、自建方便、材料可塑、形式多样、能源节约、造价低廉多个方面，不仅如此，它还可循环使用，一旦拆除墙土便可转化为土壤，典型的有福建土楼、新疆土平房、西藏大碉楼、云南土掌房等。

从生态观的角度来看，传统民居顺应自然地形、地貌的要求，与所在环境融为一体。在进行民居再生设计创作时，还要用整体的观点来看传统民居建筑，尊重村落集镇、历史地段和历史街区已经形成的整体格局和构成肌理，以及传统民居与自然的协调关系，在体形、体量、空间布局、建筑形式以及材料、色彩等方面下工夫，采用与地域环境相适应的适宜技术条件与手段，再结合具体的功能，进行整合、优选与融会贯通，从而有可能创造出有地域性特色的建筑精品。

传统乡土聚落的院坝、空地等开放空间，是农户村头聊天、休憩、举办民俗节庆等活动的重要场所，是乡土文化特征显现最集中的区域，深刻影响着乡土聚落景观的形成与演变。举行民俗节庆活动可让人们感受体验传统乡土文化的魅力，吸引游客前来旅游观光，弘扬与传承乡村传统文化，促进文化与经济的发展。通过乡土聚落再生设计，布局农家广场、休闲健身、室外拓展，配置晒谷场、石头磨盘、水车井台、拦水堤坝等景观要素，可营造浓郁的农耕文化氛围，凸显传统人居文化魅力。应以乡村振兴、美丽乡村建设背景为契机，保护传承传统民居与聚落，从村庄规划空间布局、民居样式、建筑装饰等方面展开再生设计，打造出既传承文脉又不失现代文明的美丽乡村风貌格局。

第三节　吊脚楼民居保护

快速城镇化挤压了传统民居的生存空间，加之现代建筑、小洋楼、徽派建筑等可供选择的民居样式毕竟丰富，加之不少人们对文化的理解出现严重偏差，对传统吊脚楼功用落后并产生厌弃感，导致传统吊脚楼面临生死存亡的危机。设计基于对吊脚楼文化的保护角度，来自社会及各层面的力量要正确引导、积极支持，加大建设和资金投入，将民居保护传承纳入到物质文化遗产保护范围。传统吊脚楼保护传承对弘扬中国传统文化有着非常积极的社会意义，有赖于吊脚楼的武陵山区的生态文明建设亟待深入展开。

构建好文化传承机制具体来说，建立健全物质文化遗产保护传承体系，制定针对性的引导机制和扶持措施。其一、对吊脚楼进行改良塑造，使其满足现代生活功能要求。对传统村寨进行保护性设计改造，以保存吊脚楼聚落传统风貌，并进行范式推广。其二、举办传统吊脚楼文化民居设计赛事，优选民居样式及民居元素，进行政策推广扶持。其三、在有条件的丘陵及坡地安全地带进行美丽乡村建设布点，通过山地地域美丽乡村规划设计赛事或进行招标形式，演绎现代乡土风情。其他方面，诸如吊脚楼建造人才培养、传统民居装饰构件的生产销售环节等，多种途径展开，实现吊脚楼等传统民居的保护传承良性循环。

一、延续性保护

传统吊脚楼文化保护是四位一体的整体性保护，即从单体建筑、聚落空间格局、非物质文化以及自然环境四个方面，保护与开发中延续其本来面貌形态，高度体现原真性。保护传统吊脚楼文化资源，具体就是要保护好吊脚楼单体民居及其整体聚落，以及单体民居与聚落整体所包含的非物质文化和自然环境。

吊脚楼聚落风貌包括吊脚楼人文风貌和自然风貌，经过了千百年的吊脚楼演变历程，聚落的自然风貌已经完全烙下了人文的印迹。吊脚楼民居与街巷、河道、码头、风雨桥、古井、古树等文化遗迹共同构成了聚落人文风貌，山体地形、河道岸线、植被林木则综合构成特殊的聚落自然风貌。传统吊脚楼聚落中的人文风貌和自然风貌布局巧妙合理，呈现为一个有机的系统，保护其聚落整体的价值意义大于其个体建筑的价值。吊脚楼、庙宇、祠堂、街巷、河道、码头、风雨桥、古井、古树等文化遗迹都是在生态演变中形成的，作为聚落整体环境的要素，带有浓郁的生态文化气息，离开了聚落整体的单体吊脚楼、院落及其他文化遗迹，其生态文化价值会大大降低。因此，吊脚楼的保护是以聚落整体保护为主，在保护传统吊脚楼民居、街巷、河道、码头、风雨桥、古井、古树等文化遗迹的同时，保护传承聚落中的文化遗迹实物及它们之间的空间格局，将独特的农耕文化、宗族制度、乡村艺术、民俗风情等非物质文化纳入保护范围，注重整理家谱家训，记录村落的仪式和习俗。保护古村落乡村原始风貌，突出开发原汁原味的乡土记忆，不断挖掘与扬弃古村落人文生命之美，让承载了当地人人文记忆和历史的地方民族生态文化"细胞"得以延续。

在保护、开发传统吊脚楼文化资源中，注重将传统生态文化特征保存延续。在尊重吊脚楼原貌的基础上对民居建筑进行修复和改造，采用本地材料与现代新型材料有效结合，以原基本材质为主，细微结构处添加现代化抗磨损材料延长建筑寿命，尽量采用原传统营造施工工艺，选用的建筑与景观材料的规格及施工工艺等均要有明确要求，以保持与传统要素的密切联系性，从而延续吊脚楼原真性风貌。严禁新建项目破坏村落生态系统，严格控制扩展和更新的力度，在保持聚落整体格局的基础上保护原有赖以生存的自然生态环境，确保村落周围山体形态和植被不被破坏，杜绝乱砍滥伐树木，注重保护并恢复村落水系及河流内外岸线的形态，使聚落原有的"天人合一"风貌得以延续。

二、再生性保护

吊脚楼是山地建筑、山地聚落的杰出代表，与其他民居和聚落相比，吊脚楼呈现出鲜明的地域生态特色优势，是最适合武陵山地域特点的传统民居样式和聚落格局。社会发展对吊脚楼文化的生态演变提出了更高要求，紧跟时代步伐并增强文化自信，在传统吊脚楼文化基础上，创新吊脚楼民居设计、村庄规划，积极探索再生设计，保护、传承传统吊脚楼乡土地脉文脉。

再生原指地球上的资源可以源源不断地为人类做出长期贡献。传统文化保护中，再生则更多体现了文化更新和传承的含义，包括物质文化形态和非物质文化精神的再生，或是设计中实现更高层次上的"形神兼备"。再生性保护、传承传统吊脚楼乡土地脉文脉，要求尊重武陵山区的地域生态文化，坚持"再生设计""生态设计""保护性设计"等理论思想，彰显武陵山区人居环境风貌为目的，强调传统吊脚楼文化特色，并力图满足当前人们的居住高层次要求。通过进行美丽乡村规划、现代民居改造也称再设计，巧妙利用地方因子地形、河流、植被、建材及施工工艺等，力求从细节出发将美丽乡村建设与设计改造相关内容有效结合，避免传统民居与现代使用功能相脱节的情况，满足人们对现代住宅功能的新要求，使新型民居、乡村聚落、山区环境三者之间更加相互和谐，让使用者对传统建筑、传统聚落在精神文化上产生一定归属感。

再生设计主动地探求传统文化精神内涵，在社会变革和发展中本着生态环保的理念，使长期生活居住于此的人找到属于自己的民族传统精神符号，使人们产生对居住环境的地脉文脉精神认同感。根据现代的生活需要，对传统吊脚楼进行适应现代人生活空间需要模式的改造，民居的改造设计在空间尺度和功能划分上进行改造，采用添建和改建的方式，在横向和纵向的尺度空间上实现延展，通过对建筑空间形式、色彩、装饰等元素的调和统一设计，使吊脚楼在新的社会历史环境下不失民族特色。再生设计有选择性地保留能够代表地域性特征的建筑符号语言，使其在现代技术、材料下拥有新的活力，再生利用现代材料和技术手法表现建筑造型、建筑结构，最大程度上保留吊脚楼的传统特色，而且更加和谐地与地域环境融为一体，通过再生设计手法创造出更有生命力的现代吊脚楼民居，良好实现传统吊脚楼文化的保护传承（图3-7和图3-8）。

再生设计中适当开发乡村文化景观资源，提升乡村景观整体的文化价值内涵。乡村地区的生产生活方式深刻影响着乡村文化景观的形成与演变，如乡村聚落周围的院坝、空地等开放空间场所，是农户村头聊天、休憩、举办民俗节庆等活动的重要地点，是乡土文化特征最明显区域，定期举行民俗节庆活动让人们感受体验传统乡土文化的魅力，吸引游客前来旅游光，弘扬与传承乡村传统文化促进文化与经济的发展。在乡村聚落周围的空地适当布局农家广场、休闲健身、室外拓展，配置晒谷场、石头磨盘、水车井台、拦水堤坝等反映农耕文化的景观要素，营造浓厚的乡村地域文化氛围，凸显传统乡村景观的文化魅力。

武陵山地区当前的美丽乡村背景为契机，保护传承传统吊脚楼文化，从村庄规划空间布局、民居样式、建筑装饰等方面展开再生设计，牢牢把握传统吊脚楼文化的地脉文脉，打造出既传统、又现代的武陵乡土风貌格局，形成武陵山区自然生态和文化生态并存的居住环境典范。乡土聚落、乡土建筑、乡土景观等回归

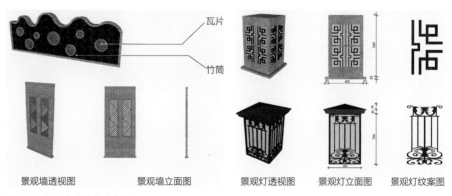

景观墙透视图　　　景观墙立面图　　　景观灯透视图　　　景观灯立面图　　　景观灯纹案图

图3-7　景观生态设计（自作）

了乡村传统风貌，乡土的美食、布艺、铁艺、竹编、藤编、麻编、草编等回归了传统乡村的生活方式，带来旅游产业经济的复苏，实现乡村美好家园的本心回归。

【植物种植】

适地适树
以适合石塔柯生长的乡土树种为主，即可保证良好的生长势，还可节约投资。

突出重点
在重点景区和核心位置，根据需要对植物进行精细配置，适当引种部分观赏价值高的外来树种，丰富重点景区的植物景观。

佳则收之
凡是现状可以保留、利用的树木一律保留在进行植物配置时结合保留树木进行景观搭配设计。

结合主题，以量取胜
凡是在景观主题中对植物的品种、种植形式有明确要求的，严格按照景观主题进行延伸、深化、力求与其他景观元素相配合达到设计目标。因为滨河景观带属于带状绿地，空间较大，因此在进行植物配置时应大量的以片植为主，用足够的量来达到预期效果。

留足视线通廊
滨水景观带的特殊性要求植物配置时应多提供视线通透的植物空间，以最大限度地展示水面景观。因此在空间营造上应以半开敞空间为主，慎用郁闭空间。

图3-8 园林景观生态设计（自作）

第四章
吊脚楼形式分类

以传统吊脚楼为代表的中国民居传统文化对现代人居环境具有非常重要的启示与价值作用，是中国文化的根基和民族之魂。在生态文化这种生态文明背景下的文化表现，是特定的民族或地区的生活方式、生产方式、宗教信仰、风俗习惯、伦理道德等文化因素构成的具有独立特征的文化体系，可持续发展的知识和经验历经代代沿袭传承，针对生态资源进行合理摄取、利用和保护，人与自然和谐相处。在生态文化视域下，汲取传统吊脚楼文化精髓，传承传统吊脚楼文化打造现代人居环境生态文明，建设资源节约型、环境友好型美丽乡村，是吊脚楼传统文化传承发展的必由之路。

吊脚楼的形式多种多样，其类型有以下几种：单吊式，这是最普遍的一种形式，有人称之为"一头吊"或"钥匙头"。它的特点是，只正屋一边的厢房伸出悬空，下面用木柱相撑。双吊式，又称为"双头吊"或"撮箕口"，它由单吊式发展而来，即在正房的两头皆有吊出的厢房。单吊式和双吊式并不以地域的不同而形成，主要看经济条件和家庭需要而定，单吊式和双吊式常常共处一地。四合水式，这种形式的吊脚楼又是在双吊式的基础上发展起来的，它的特点是，将正屋两头厢房吊脚楼部分的上部连成一体，形成一个四合院。两厢房的楼下即为大门，这种四合院进大门后还必须上几步石阶，才能进到正屋。二屋吊式，这种形式是在单吊和双吊的基础上发展起来的，即在一般吊脚楼上再加一层，单吊双吊均适用。平地起吊式，这种形式的吊脚楼也是在单吊的基础上发展起来的，单吊、双吊皆有。它的主要特征是，建在平坝中，按地形本不需要吊脚，却偏偏将厢房抬起，用木柱支撑。支撑用木柱所落地面和正屋地面平齐，使厢房高于正屋。

第一节　单吊式营造

单吊式是吊脚楼里最为普遍的一种形式，分布最为广泛，在鄂西的彭家寨、湘西的凤凰古城皆有，且目前保存尚较为完好。单吊式营造的外形特点是正屋一个方向的厢房伸出，底部基础部分悬空，用木柱相撑，也被称为"一头吊"或"钥匙头"（图4-1）。

图4-1 单吊式吊脚楼（自作）

一、择地与选址

土家族、苗族等先人建造吊脚楼前必先择地，选择一个好屋场将会给屋主注入极大的精神寄托，风水先生择定屋基时，测定方位则以"左青龙，右白虎，前朱雀，后玄武"为标准，参照"宅以形势为骨体，以泉水为血脉，以土地为皮肉，以草木为毛发，以屋舍为衣服，以门户为衬带，若得如斯是俨雅，乃为上吉"的原则。在这种原则指导下，土、苗家人择屋场多选择依山傍水、坐北朝南的高坡之地，以青山绿水之间、视野开阔之地为佳，恪守"住者人之本，人者宅为家"，信仰"地善即苗壮，宅吉即人荣"，主张"回归自然、返璞归真"。

二、空间与功能

吊脚楼民居为小家庭制，单户住房的体型不大，多为三间，占地面积较小，故适合于山坡的各种地段，十分灵活。房屋与房屋之间的距离有的较密集，有的较为疏松。在山坡地段建造房屋，不可不考虑的一点就是建筑与坡道的衔接，即房屋与等高线的关系。在吊脚楼的建造中，房屋与等高线的关系一般有三种：第一种是平行于等高线，顺着等高线的走向而建，这种最为常见；第二种是垂直于等高线，这种做法通常用在地势陡峭的山脊、山梁等处，以适应房屋前后高差较大的地势；第三种是房屋与等高线呈角度相交，通常用在地形不规则的地段，可以看做是纵横两种方式的结合体。

吊脚楼建筑有着紧密、丰富的单体空间层次，建筑平行于山体等高线，一层住区是堂屋和卧室，与之垂直的是带架空层的那部分，一层架空处为圈养家畜的地方；二层为厨房、卧室和火塘，"L"形平面形成一个非常亲切的序列丰富的入口。

以彭家寨一座比较典型的吊脚楼为例，将其空间特点归结如下。

入口空间序列，顺山势变化丰富，过渡层次繁多。如：室外台地→大台阶围院→屋檐下的石阶→堂屋→堂屋走廊→小楼梯→卧室，也就是说从入口到室内中间共有5个空间层次。

各房间之间的串联四通八达。典型的如厨房和堂屋，皆为四个门，每面墙都有开口，而其他的私密房间如卧室也都开有两个门，经常可穿行而过，从一个方面暗示了主人家团结热闹但私密意识比较模糊的特点。

洁污分区严格。由于房屋建在山坡上，毒蛇草虫非常多，因而采用吊脚的方式。为了充分利用一层空间，便将牲畜、厕所等产生的异味、污水"扔"下去，而在二楼的木结构却能常年保持干燥卫生。

围院起到交通上的"中转站"作用。由于房间为线性排布，有时不能完全依靠穿行到达，因而庭院作为最短的路线经常被启用，门槛外800mm宽的石阶对应着屋檐的投影，也是为了使人能够躲避风雨和骄阳、便捷穿行（图4-2）。

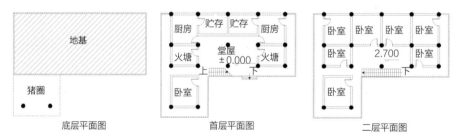

图4-2 单吊式各层平面功能分析图（自作）

三、结构与选材

吊脚楼既是穿斗式结构的一种，又有别于普通穿斗建筑，我们以一栋带转角欹子的吊脚楼为例，配合三维解剖模型加以说明（图4-3和图4-4）。

该栋呈"L"形，即典型一正一厢式的单吊式吊脚楼，厢房处地坪低于正房

向天飞檐

青瓦

椽子

排扇

地基

图4-3 单吊式结构示意（自作）

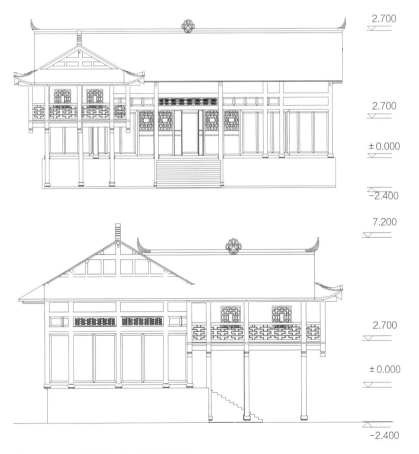

2.700

2.700

±0.000

-2.400

7.200

2.700

±0.000

-2.400

图4-4 单吊式正立面、侧立面图（自作）

地坪，底层架空形成欲子，欲子周边檐柱有些不落地，形成托步檐柱或吊脚檐柱，它们的重量由落地檐柱间的纤子支撑，也有一部分由边柱间的枋出挑支撑。在欲子周边围合的纤子上铺木板，形成悬空走廊，走廊端头有短柱悬空，作为走廊栏杆的支撑构件称为"耍起"，耍起与吊脚檐柱顶头均作球形或南瓜形垂花装饰，称为"耍头"，当地人也称之为"金瓜"，耍头因接近人视点，成为土家族建筑重点装饰的构件之一。

穿枋穿出檐柱后变成挑枋承托挑檐，吊脚楼由于檐口出挑较大，挑枋多为两层而成为"两重挑"，上挑较小，称为二挑，下挑较大，承受檐口的主要重量，称大挑。大挑多选用大树且自然弯曲的树干，以利于承重，大挑有时做成大刀状或马头形，因此也叫"大刀挑"或"马头挑"。大、小挑的出挑尺寸及弯曲状况对屋顶的坡度及檐口造型起着至关重要的作用。

在武陵山有些地区，把"两重挑"形式转变为"板凳挑"，即出挑大挑的枋下增加一个"夹腰"，夹腰水平出挑，上立短柱称"吊起"，吊起顶头支檩，承担部分屋檐重量，大挑也穿过吊起，把部分重量透过吊起传给夹腰再传给檐柱，这样吊起和夹腰共同承担了比二挑还要多的重量，使受力变得更加合理，但构造也更加复杂，吊起底下的吊头也和耍头一样，做成各种形状，成为吊脚楼建筑的装饰重点。

以上欲子、吊脚檐柱、两重挑、板凳挑、耍起、吊起、耍头、吊头等，成为吊脚楼的重要特征。鄂西彭家寨的吊脚楼之所以成为精品，就是由于吊楼欲子顺山势一溜排开，高低错落，把建筑最美最具特色的部位展现出来，而且欲子顶部的歇山檐口，为配合建筑悬挑轻盈的感觉，四角均向上发戗形成微微起翘、如翼斯飞的样式，大大丰富了立面造型，成为吊脚楼中并不多见的佼佼者，同时彭家寨这里的吊脚楼集建筑、绘画、雕刻艺术于一体，并以其群体的美成为吊脚楼建筑艺术的杰出代表。

单吊式吊脚楼的门，正堂屋的大门多做成"六合门"，高2.8米，宽5米，由六扇能开合的门扇组成三对大门，用门轴安装在上下门里，每一扇门的两端透雕或浮雕"逵子花"，中间做成各式花样的门窗。"六合门"有真假之分，真"六合门"六扇均能开启，两扇一对形成三个通道，按照尊卑有序，进出的先后都有讲究，过年时村民玩狮子灯，狮队绕进绕出的门，不合"规矩"就会"玩不出门"。假"六合门"也是六扇门的形式，但两边的门只是摆设，中间两扇大门才能开启。有的住户在假六合门门外加装两扇对合开的"扦子门"用以挡鸡犬，"扦子门"高1.1米，宽1.7米，门由椿木、"猴板栗"树做成"羊角角"。由于当地民风淳朴鲜有盗贼，有的住户堂屋干脆不装大门，只做简易的"扦子门"。次堂屋则没有这么讲究，次堂屋一般就是用"对子门"，即两扇开合自如的大木门。其他的地方则采用的都是单扇的门，单扇的门有两种，一种是"印门"，关起来门板刚好嵌入门框中，使门框和门板严丝合缝；另一种是"乒门"，因门板大于门框，关门的时候门板门框相撞发出"乒乓"声而得名。

四、形态与装饰

吊脚楼由于前后建筑基地的落差大，后栋建筑的室外平台往往由前栋建筑错落有致的大屋面围合而成，特别是站在较高处吊脚楼的吊脚阳台上向下俯视，层层屋面层层台，碧水修竹绕宅生的田园景象，给人如梦如幻的视觉效果。鄂西彭家寨的吊脚楼多依山而建，大屋檐下的狭窄空间与顺山势蜿蜒起伏的大台阶常常使人领略到"山重水复疑无路，柳暗花明又一村"的意境。

吊脚楼的屋顶具有流动的视觉效果，首先从外部造型的纵向看，形成了"占天不占地""天平地不平"的剖面，这些剖面的形成多是采用屋顶悬挑、掉层、叠落等手法进行处理的结果，因此在观察这些吊脚楼时，你会感到它们生动活泼，毫无生涩呆滞的痕迹。单栋吊脚楼的屋顶本身并不复杂，一般只是一字形或"L"形，巨大的黑色屋面，深远的出挑屋檐，再加上底层的悬空吊脚，有时会形成"头重脚轻"的格局，使人感到不稳定，但当其同建在实地上的大屋面连在一起时则互相呼应，从而使整个建筑轻重协调，形态庄重，富有弹性和节奏感，给人一种粗犷洒脱、淳朴深沉的艺术美感。

建筑窗户的实用功用无疑是采光和通风，门窗是长方形，壁窗是正方形，窗花上下或左右对称，如此而已。吊脚楼的窗户虽然没有徽派民居的富贵繁复，但仍然古朴深邃而变化丰富，展现出人类精美的手艺，在讲求实用的同时被工匠们赋予很多文化内涵。木匠在做窗户前要画"小样"——施工图纸；分"桥子"，按需要以榫卯的形式截断为约3cm见方的小木条；"踩"，将"桥子"卯榫对齐，捶实成形。窗花是体现土家匠师技艺和情趣的又一绝佳之处，寄托着人们对幸福生活的美好祝愿，在鄂西彭家寨，凡是需采光和通风的地方均可见窗户，安装于门上、板壁上的窗户花样有"王字格""步步紧""万字格""寿字格"等，用素"桥子"做成的每种窗花样式都有相关的寓意，有的甚至把"桥子"做成多种花样和小动物图案，浅线施纹、精细流畅、栩栩如生。

五、营造过程

第一步：备齐木料，方言叫"伐青山"，备木料一般选用椿树或紫树，椿谐音"春"，紫谐音"子"，"春""子"代表吉祥，意为春常在、子孙旺。

第二步：加工大梁及柱料，称为"架大码"，在梁上还要画上八卦、太极图、荷花莲籽等图案。

第三步："排扇"，即把加工好的梁柱接上榫头，排成木扇。

第四步："立屋树柱"，之后便是钉椽角、盖瓦、装板壁。主人选一个黄道吉日，请乡亲们帮忙，上梁、祭梁，然后众人齐心协力将一排排木扇竖起来。这时鞭炮齐鸣，左邻右舍祝贺。

第五步：钉椽角盖瓦、装板壁。富裕人家还要在屋顶上装饰向天飞檐，在廊洞下雕龙画凤，装饰阳台木栏立屋坚柱。

第六步：油漆防腐维护（图4-5）。

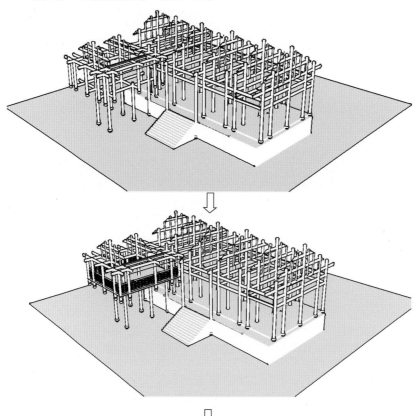

图4-5　单吊式营造流程（自作）

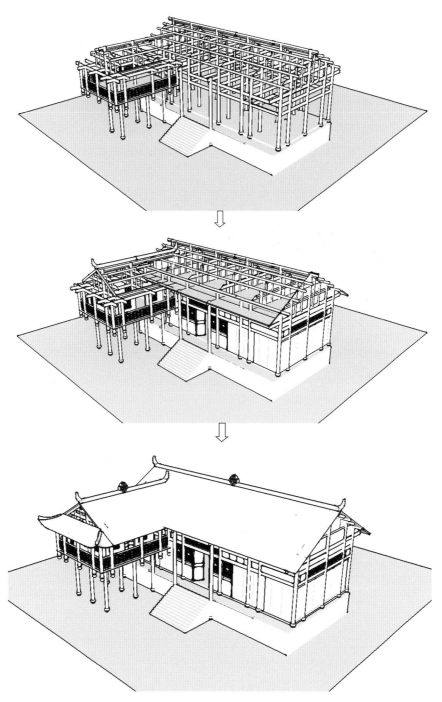

图4-5　单吊式营造流程（自作）（续）

第二节　双吊式营造

双吊式吊脚楼又称为"双头吊"或者"撮箕口"，它由单吊式进一步发展而来。双吊式吊脚楼正房的两头皆有吊出的厢房，就是在堂屋的两端，厢房独立于堂屋出现，用立柱支撑悬空出来（图4-6）。当地人建吊脚楼一般是先建正屋，然后根据经济情况及家庭的需要，再建一边的厢房，最后再建另一边的厢房。单吊式和双吊式并不以地域的不同而形成，主要看经济条件和家庭需要而定，因此单吊式和双吊式常常共处同一地域，双吊式吊脚楼在鄂西的彭家寨以及贵州的千户苗寨均有分布。

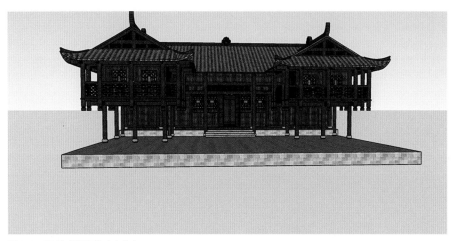

图4-6　双吊式吊脚楼（自作）

一、择地与选址

武陵山区素有"地无三尺平"之称，这里地势不平且沟壑纵横，处在层峦叠嶂的高山地带，土苗等少数民族的先人们"多选择山面向阳之处而住"，依山就势而建吊脚楼，甚至是贴壁凌空而立，一面靠山一面悬空。由于地势的因素，吊脚楼常建在临水处、斜坡上，甚至悬崖绝壁之处，房子前部以木柱支撑，后面直接立于地基上，无论从吊脚楼的选址、材料的运用还是功能的设计都与自然环境紧密结合在一起，遵循大自然的规律，生动地体现了天人合一。吊脚楼依山水而建，鳞次栉比，村寨以带状或片状群居分布，有的也独自屹立山腰。

贵州西江千户苗寨由于耕地资源受限，苗居建于山地而不占用临近河流和适于耕种的土地。苗寨基址坡地上立木桩、架楼梁，吊脚楼均为穿斗式结构，开间少进深浅且占地少，建在崎岖复杂的山区地段上，并顺应山势延展，古朴壮丽。从横向上看，它们一般视等高线分台而筑，虽不够整齐划一，但鳞次栉比错落有致，给人以层层相叠的感觉。吊脚楼形式不拘一格，和村寨山上的树木混为一体，粗壮的立柱直接插入地面，台基扎实，房梁厚重，以至于不得不让人相信它已经完好地与山坡镶嵌在一起。从建筑艺术角度来看，吊脚楼是长方形与三角形的组合，这种几何形体稳定而庄重（图4-7）。

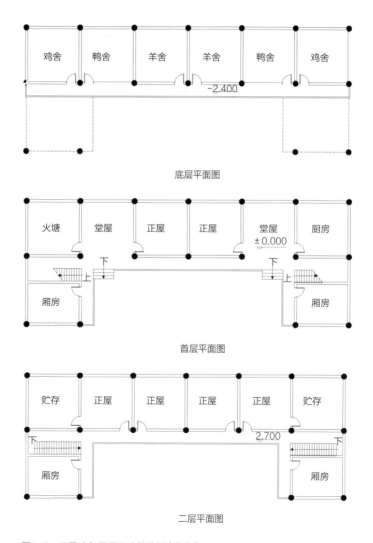

图4-7　双吊式各层平面功能分析（自作）

二、空间与功能

双吊式吊脚楼的空间布局同样遵循特定的民族风情与生存需要，蕴含其文化的深厚内蕴。双吊式吊脚楼一般分为三层、三榀、两"磨"，房子虽不大，却给人多元的空间感受。

吊脚楼底层大多用于饲养牲畜以及堆放杂物，因为在远古巢居时代，苗先民离地而居，所捕获的大型猎物或较笨重的生产工具都置于屋下。至农业文明之后，人们开始驯化禽畜，为了防止禽畜外逃和其他猛兽侵害，苗家人沿干栏脚柱围以栅栏，形成了"畜的空间"。苗家人非常看重底层空间的功用。在西江，人们要改变底层功用时，必须杀鸡、烧香祭祀后才能进行。每逢苗年，人们会在天亮之前，拿几根小绳子到河边去拴住一些小石头牵回来，系在自己家的底层空间上，意为去河边请龙（神）回来保佑家里繁荣昌盛，猪肥牛壮。

二层是居住层，居住层在中间，是人的空间，由堂屋、凹堂、卧室、厨房等组成。堂屋设于中榀，空间较大，主要的功能是维系家庭、和睦亲人，以体现精神氛围需要，所以堂屋在整栋吊脚楼中的地位非常重要。祖先的神龛设置于正对堂屋大门的板壁之上，神圣而庄严。苗家人视堂屋为家庭的中心区域，无论家宴还是招待客人一般都在堂屋，可见堂屋既能满足拜神祭祖的精神需要，又能满足家庭成员的社交需要，具有精神、起居、通行、生产等多元的功用。在苗家人的吊脚楼中，卧室多设于堂屋一层，子女卧室多处于吊空、面阳一面；父辈卧室多在实地、背坡一面，光线较暗。堂屋前一般设有凹堂（退堂），边上有"美人靠"，这是吊脚楼最具民族风情与文化特色的艺术空间。凹堂处于最佳位置，光线充足，空气清新，在"美人靠"上眺望远处，景色尽收眼底。凹堂与"美人靠"是独特的空间布局与别致的文化景观，它是苗家人热爱自然、讲究诗情画意的体现。厨房一般设在居住层的"磨角"之处，是独立空间，具有防火功能。吊脚楼的建材有火灾隐患，厨房一般要安放水缸，这是苗家人生存意识的体现。西江苗寨为了祈福平安，每年农历十二月左右要进行一次"扫寨"仪式，主要是祭祀火神，保护村寨平安。这天家家户户把厨房打扫干净，村民们在寨外杀一头猪祭神，祭祀完，把猪肉分发给各户，在户外就餐。

顶层是阁楼层，由于其远离地表，主要用来贮存粮食，也可作为卧室。阁楼层板壁嵌装非常严实，在阁楼层还有木棒或竹竿，吊挂高粱、玉米、辣椒等，可显现农家丰收与富庶。

三、结构与选材

历史上苗先民南迁后，为建民居于山地，他们在斜坡上开挖部分石方，垫平房屋后部地基，并用穿斗式木构架在前部做吊层，形成半楼半地的"吊脚楼"，即"半干栏"。建造吊脚楼是苗家人生活中的一件大事，利用山地建造出具有民族特色的木质吊脚楼，并在历史沿革中加以创新变化。

双吊式吊脚楼大多采用传统的穿斗式结构为主架、瓜柱式结构为顶架的整体框架体系，即由柱距较密、柱径较细的落地柱与瓜柱直接承檩，柱间不施梁，而用若干穿枋联系（柱与"穿"用榫卯联结），并以挑枋承托出檐，挑枋下方没有复杂的装饰，仅于头部下方斜切一角。贵州东南部的双吊式吊脚楼"穿"的截面形式为矩形，高在200～240毫米之间，宽高比通常为1∶3，每层楼板放置在楼枕上，而楼枕是用原木稍事加工而成，长度稍长于一个开间，枕与枕之间用阴阳榫相接，而楼枕搁置在"穿"上，这样基本的承重结构就出来了，墙面直接装上板壁即可，屋面做法简单，坡度为5分水，直接在檩条上钉椽皮，上盖小青瓦而成。这种结构体系类似于现代建筑中的框架体系，由柱和"穿"受力，这样一来承重围护体系分工明确，用料较省，山面抗风性能好，平面划分自由灵活，缺点是柱密而空间不够开阔（图4-8和图4-9）。

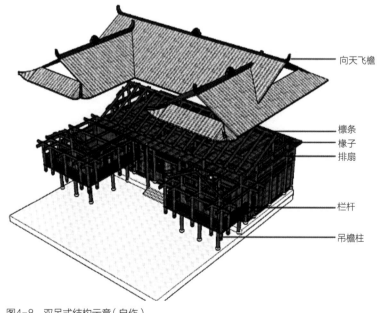

向天飞檐

檩条
椽子
排扇

栏杆

吊檐柱

图4-8　双吊式结构示意（自作）

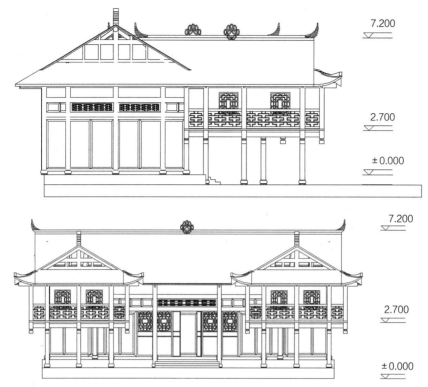

图4-9 双吊式正立面、侧立面图（自作）

　　苗家人的挡雨檐是靠屋架的"穿"出挑枋承托出檐，置檩条盖瓦，以遮护梁柱节点、楼板端头及其他构件不遭日晒雨淋，起到遮阳降温防雨的作用。但单靠这一出檐无法使建筑下部免受阳光和雨水的侵蚀，这就需要一栋木楼盖上数重挡雨檐，形成建筑重檐迭次的构架特点。重檐又叫披檐或飘檐，是建筑构件特点，也是建筑手法，通常是利用"穿"出挑支承瓜柱，瓜柱上再设挑檐枋支撑挑檐檩并与檐柱拉结，有的檐口还设封檐板。另一种做法是将檐柱与支撑重檐的瓜柱合二为一，设挑檐枋出檐。这种手法的运用使近于立方体的构架得到横线条的水平划分，从而使建筑物获得一种生机，打破立面的单调，使整个建筑富于韵律感和节奏感，这一点充分体现出人们对建筑细节及生态意识都非常重视。

　　西江千户苗寨因特殊的地理气候条件，吊脚楼建筑在建造过程中多因地制宜、就地取材。苗寨吊脚楼多用杉木、枫木、松木等材料，其体量小巧轻盈，结构简易明了，建造吊脚楼的主材是杉木，一般在6~8月份砍伐杉木，此时杉木水分多，方便剥皮，此外，充足的阳光会使木料加快变干（图4-10）。

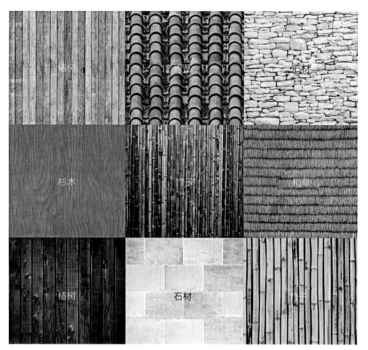

图4-10　吊脚楼建筑材料分析（自作）

四、形态与装饰

吊脚楼一般依山而建，成群落分布，错落有致，雄伟壮观，双吊式对称美与融入山地环境的和谐美交相辉映。双吊式吊脚楼同样是与当地的地形、气候充分结合的智慧结晶，其类似于现代建筑的悬挑部分，一般由穿斗式木排架第二或第三层穿枋挑出悬臂，端部上立木柱，木柱与檐柱之间用"穿"拉结，增大了使用空间，而且达到占天不占地的效果，这很好地符合了聚落既紧凑又要容纳更多人口、向空中发展的生存模式，这种结构方式不但力学性能优越，而且艺术效果显著，显示了力的协调美与和谐美。

美人靠在苗族吊脚楼的中部，在二楼宽敞明亮的出挑走廊上，安装有木刻雕花栩栩如生的精致栏杆，形成苗话为"豆安息"的美人靠。美人靠栏杆安装讲究，由若干向外隆出的弯月形小木条等距排列组成，木条上方固定在一根长方形横木上，下方固定在一根宽坐凳上，形成木制阳台，营造出一种静谧优雅的气氛（图4-11）。吊脚楼细部构造和工艺比较复杂，却经过精细考究，例如在建筑密度较大的苗寨建筑群中常用错层、退层等手法，构造形式便也随屋面层层跌落。

　　西江千户苗寨民居建筑中的门窗主要是运用几何图案做分割，外部则大多是通过三分宽的木条构成长方形、正方形、菱形或者是多边形的几何图案。这些几何图案的节奏性、规律性组合构成门窗图案，从而体现出一种整齐划一的秩序感和富有节奏的韵律感。西江千户苗寨民居建筑屋顶正脊中间的装饰叫做"腰花"，是运用瓦片拼叠而成的各种象征吉祥的图案（图4-12）。

图4-11　吊脚楼美人靠示意图（自作）

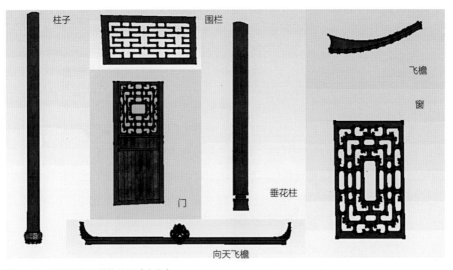

图4-12　吊脚楼细部装饰分析（自作）

五、营造过程

双吊式吊脚楼的营造过程如图4-13所示。

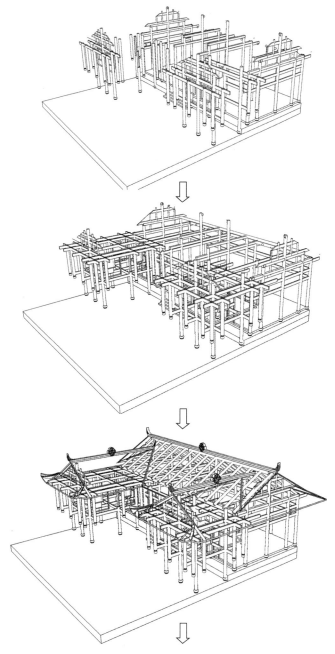

图4-13 双吊式营造流程（自作）

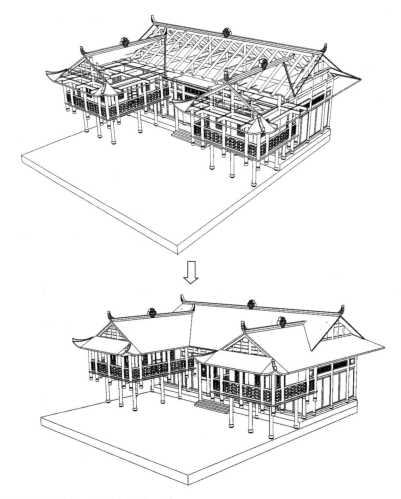

图4-13 双吊式营造流程（自作）（续）

第三节 二屋吊式营造

二屋吊式的形成和演变主要是由于对民居规模扩展的要求，其建筑特征主要表现为：在单吊式或双吊式的基础上，在厢房或正屋之上竖向再加建一层或多层空间。显然，二屋吊式吊脚楼对单吊双吊均适用，这种吊脚楼在功能上也更为完善，充分发挥了吊脚楼的很多有利功能，地面架空层堆放柴草杂物、圈养家畜等，解决了山区通风干燥、防毒蛇与野兽的功能要求（图4-14）。

图4-14　二屋吊式吊脚楼（自作）

一、择地与选址

　　湘西境内多山地丘陵，一半以上的地区坡度较大，凤凰镇三面环山，古城就坐落于沱江之畔，吊脚楼民居择地选址于沱江两岸沿线，临水而居，面朝沱江，背对街道，形成前店后居的形式。从现存较完整的历史街区来看，吊脚楼建筑以沱江为轴沿江而建，并向两边扩散发展，由此河两岸吊脚楼群根据地域空间特征向四周延伸，沿河街巷空间遵循了"河—屋—街—屋"的基本模式。这种背山面水的民居布局充分反映了顺应自然的特点，反映了少数民族追求人与自然的契合。

二、空间与功能

　　二屋吊式吊脚楼的空间规模和功能更为齐全，加上底层架空层，二屋吊式可称为三层建筑，各层功能明确，符合各式吊脚楼整体功能分区的特点。底层不宜住人，是用来饲养家禽，放置农具和重物的。二层是饮食起居的地方，内设卧室，外人一般都不入内。卧室的外面是堂屋，堂屋设有火塘，一家人围着火塘吃饭，这里宽敞方便，由于有窗，光线充足，通风也好，家人多在此做手工活和休息，也是接待客人的地方。顶层透风干燥，十分宽敞，除作居室外，还隔出小间用作储粮和存物。

正堂屋是风水观念中穴之所"聚气"的点，用于定位，土家人认为，在位置和朝向上不能有丝毫差错，否则会给主人带来不好的运气。堂屋的后板壁上设神龛，前置供桌，存放香蜡草纸，逢年过节时烧香拜佛，祈求神灵保佑家人无病无灾、多子多福、六畜兴旺，神龛旁开应门。堂屋的另一侧有一道与其相连的宽宽的走廊，廊外设有半人高的栏杆，内有一大排长凳，家人常居于此休息，节日期间妈妈也是在此打扮女儿。火塘屋和卧室以堂屋为中心，两边房间前半部是火塘屋，后半部用板壁装出一间做卧室，一般由父母居住，前壁开门与火塘屋相通，后壁开门通于室外，正中开窗，但当屋顶后檐较低，保坎遮挡，采光不是很好时，有屋顶上的"亮瓦"可作补充。卧室里靠板壁的一面放床，床与屋梁同向，以简易木床居多，四角竖立木枋，用以悬挂蚊帐。蚊帐是女主人的嫁妆之一，女儿十几岁时，就用本地产的麻手工制作，结麻，编织，用草木灰煮，再用沱江水漂洗，完成一笼帐子大约花去一年多时间，但制成后比较结实，有的可供主人享用一生。女主人陪嫁箱子、柜子之类的东西也放于卧室，箱子存放衣物，柜子存放粮食等。

从民居的规模来看，一般人家为一栋4排扇3间屋或6排扇5间屋，中等人家为5柱2骑、5柱4骑，大户人家则为7柱4骑、四合天井大院。4排扇3间屋结构者，中间为堂屋，左右两边称为饶间，作居住、做饭之用，饶间以中柱为界分为两半，前面作火炕，后面作卧室（图4-15和图4-16）。

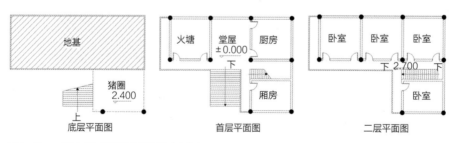

图4-15　二屋吊式各层平面功能分析（自作）

三、结构与选材

湘西凤凰古城的民宅通常采用二屋吊式，以木结构为主要结构体系，这种结

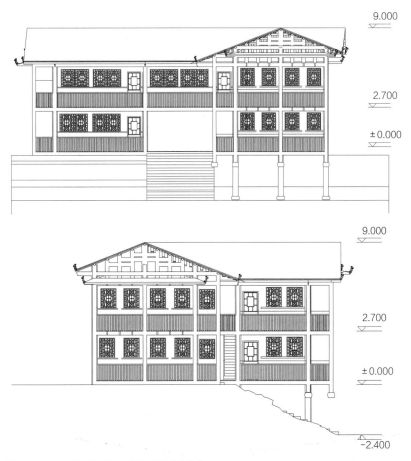

9.000

2.700

±0.000

9.000

2.700

±0.000

-2.400

图4-16　二屋吊式正立面、侧立面图（自作）

构方式与北方普遍采用的抬梁式结构以及南方多见的穿斗式结构均有所区别。我们通常认为中国木结构体系是"框架结构"系统，其特点是"墙倒屋不塌"，但这里的结构方式则是更典型的"框架结构"，因为其梁柱是完全的承重结构，直接承载着屋顶的檩条。建筑内部开间分隔一般都是承接屋顶构架的梁柱排扇，既有抬梁式也有穿斗式，其中抬梁式构架多用于主要厅堂，柱往往是雕饰的重点；而穿斗式多用于明、次间分隔，通常镶以板壁，其中穿枋往往是雕饰的重点。

吊脚楼上上下下全部用木材建造。屋柱用大杉木凿眼，柱与柱之间用大小不一的杉木斜穿直套连在一起，尽管不用一个铁钉，也十分坚固。柱在湘西地区建筑中常常给人以较深的印象，并以方形截面居多，圆形截面的偶尔也能见到。有说法称圆柱的房子比方柱的房子年代久远，或称清代为方柱而明代为圆柱，是否准确尚待考证，湘西地区建筑中柱的特征在于其做法与其他地区有所不同。排扇主要使用杉木，一榀屋架由落地的柱和不落地的童柱组成，一般多为单数，一榀屋架柱的根数决定房屋的进深。排架方向有四柱三骑（童柱），俗称"七个柱头"；五柱四骑，俗称"九个头"；也有进深大点的六柱五骑，"十一个头"，甚至"十三个头"。用穿枋把各个柱子串起来就形成了排扇，继而构成一榀框架。

大门多做成六合门，一般为五尺高，全用5寸宽的长短木枋以卯榫结构嵌合而成，安放在门柚里。吊脚楼设置扣门或开启门扇的拉手、金属扣环门饰，既有实用价值，又有装饰意味。大门外做半人高栅栏式的扦子门，用以挡鸡狗。堂屋两侧靠近前壁处各开一道门，为开合式，两扇门板上装饰门环，左右对称。对于纵深较长的房子，在后部两立贴间装上板壁，构成像过道一样的小房间，称道房。

屋面是由小青瓦、木椽子和檩条构成的。檩条搁置在柱头上，椽子固定在檩条上，早年是在椽子和檩条上钻引导孔，然后用竹钉把椽子固定在檩上，后来直接用铁钉把椽子固定在檩条上，然后把小青瓦铺在椽子上，瓦沿檐口往屋脊方向铺。与官式建筑相比，吊脚楼屋顶没有做防水层，瓦直接铺在椽子上，很少有坐浆。在风比较大的地方，则在屋脊、檐口处坐浆处理，防止瓦被风刮下来（图4-17）。

在土家族吊脚楼营造中，对于材料的使用是十分讲究的。用于建造吊脚楼的木材有柏木、杉木、枫木、枞树、椿树、榉木、楠木、樟木等，用材上讲求"顺

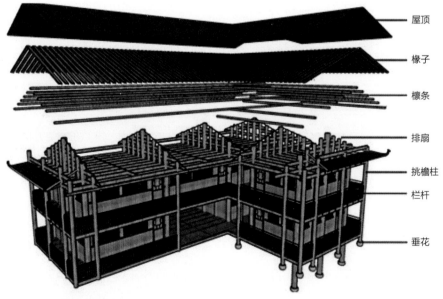

图4-17 二屋吊式结构示意（自作）

头""合心"，要树蔸在下、朝东、向前、朝中堂等，被切开的料一般会安排在具有对应关系的位置，如大门枋和神壁枋需同一节料解开，要树心相合；做床的枋片更是如此。神壁木板在安放时则严格按照一节木料解开为五块或者七块，正中间一块料一定是树心，必须做成公榫，以此排列下去，树蔸朝下，树心向前；大门的门板也是如此。椿木不能作为檩子、椽皮用，而榉木不能用作地脚枋、地楼板、楼板、楼枕枋。

四、形态与装饰

凤凰古城沱江两岸的吊脚楼在布局上沿线排开、连绵不绝，每栋吊脚楼均有为数不等的吊脚悬垂而下、伸入水中。远远看去，密密麻麻的吊脚修长而纤细，倒映于水面，特别是在灯火阑珊的映衬之下，形成一幅美妙的画卷。

吊脚楼四壁全部用杉木等木板开槽密镶，讲究的里里外外都会涂上桐油，既干净又亮堂。吊脚楼四周还有吊楼，楼檐翘角上翻，如展翼欲飞。檐口出挑用曲拱，出挑远时用几层曲拱或板凳跳。龛子式厢房由吊脚支撑楼板，垂柱支承走廊，并盖以"歇山顶"的形式。龛子屋顶采用传统的"反宇向阳"坡屋面，对通风采光都十分有利。走廊上部设披檐与挑檐相接，在挡雨通风的同时也带来了美感。

门窗、柱头、檐口属于木质构造，其主要装饰手段是木雕。在具体的运用中，其主要的工艺手法是浮雕、通雕、隐雕等，并将栏杆与门窗作为主要的装饰对象，巧妙结合不同的雕琢工艺，利用当地建筑材料的特点，将各种工艺手段的优势发挥得淋漓尽致。在雕琢的过程之中，不同的位置采用差异性的雕琢手法，给人以不同的质感，其纹理清晰，图像具有丰富的韵味，整个雕琢手法都以简洁为主，不追求复杂，运用轻便的刀法，风格集严谨与含蓄为一体。在线条方面，集疏密与粗细为一体，曲线与直线共存，动感十足，造型十分形象生动。图案的选择大气活泼，讲究空白和聚散，层次分明，整体彰显古朴的特点，灵动明亮（图4-18）。

在色彩方面，不会使用大范围的鲜艳色彩，而是发挥色泽本身的优势。正堂屋的楼枕枋上不装板壁，显得高大而亮堂，与烟熏染成青黑色的布瓦、梁枋和柱头、后壁的神龛共同营造，颇有幽深雅静之感。立贴的下半段相邻两柱间装轻薄的木板，木柱暴露于外，主人在重大事务和过年过节时贴上大红对子，它们体现

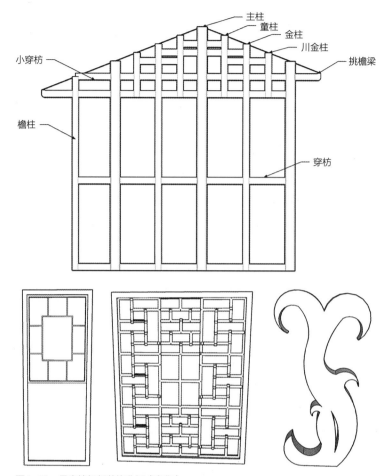

图4-18 吊脚楼细部装饰分析（自作）

了主人在特定历史环境中的追求、向往和对人生的深刻体味，以及对自己和子孙后代的劝谕和告诫。由这些楹联所形成的文化氛围，无不散发出浓郁的传统文化气息，从而提高了观赏价值。

五、营造过程

二屋吊式吊脚楼的营造过程，以湘西凤凰古城吊脚楼的营造过程展开分析如下（图4-19）。

第一步：备齐材料，一般选杉木及瓦石。

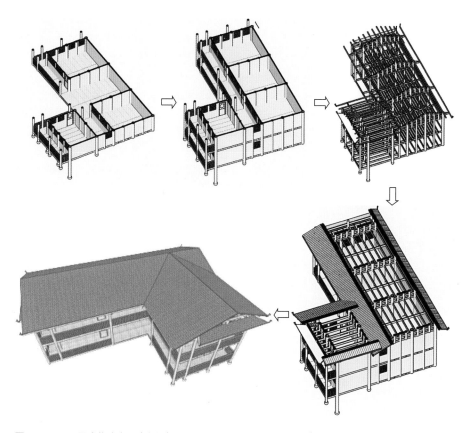

图4-19　二屋吊式营造流程（自作）

　　第二步：加工大梁及柱料，房主和帮工师傅分别爬到两排中柱顶上，双方细心地将宝梁平稳地拉到两中柱顶上安装好，形成吊脚楼的框架。

　　第三道："排扇"，即房屋的搭接。当房屋的各种构件制作完成后就可以上排，由于吊脚楼建筑的形成主要是在同一水平面上，那么利用穿枋将落地柱与骑柱纵向串联起来，形成排扇。

　　第四步："立屋树柱"。"立屋树柱"之后将排扇通过地脚枋、梁、斗枋、檩横向连起，用木钉栓锁住，就能建造一个个的开间，并形成整个屋架；然后在枋、梁之间铺设木板形成楼层，各落地柱也嵌入壁板，形成屋壁与屋墙；将檩子在各开间的落地柱、骑柱之间架设，再在檩上用木钉钉上椽子，然后盖以青瓦等覆盖材料。

第四节　四合水式营造

四合水这种形式的吊脚楼是在双吊式的基础上发展起来的，我们可以理解为三吊，只不过通过三吊与堂屋结合起来构成一个围挡，也就是四合院式。四合水式两厢房的楼下即为大门，这种四合院进大门后还必须上几步石阶，才能进到正屋。四合水式与双吊式有一定程度上的相似性，不同的是将正屋前或后的空地围成院落，形成一个封闭的私人空间。四合水式这一样式明显受到汉式建筑如北京四合院的影响，但是这种类型的吊脚楼对地形有一定的要求，贵州省雷山县西江千户苗寨的四合水吊脚楼颇有特色（图4-20）。

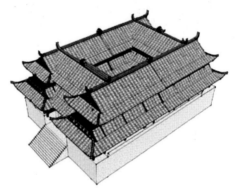

图4-20　四合水式吊脚楼（自作）

一、择地与选址

苗家人大部分居住在云贵高原的苗岭山区，此外山高谷深，坡陡林密，海拔大多在千米以上，属热带、亚热带高海拔原始森林地带，雨量充沛，天气多变，天无三日晴，林间常年阴暗潮湿，遍地枯株腐木与残枝败叶，加上多种生物的尸骨残骸，林间各种细菌等微生物大量滋生繁衍，在空气中散发弥漫，形成有毒的气体。人们通过长期的体验得知这些瘴气都在空气的下层，居住越离开地面，受这些潮湿空气的危害越小，人们的安全系数越大。于是人们利用居住于树上的经验，建造了干栏型住房，即吊脚楼住房。苗族的吊脚楼建在斜坡上，把地削成一个"厂"字形的土台，土台下用长木柱支撑，按土台高度取其一段装上穿枋和横梁，与土台平行。吊脚楼低的七八米，高者十三四米，占地十二三平方米。屋顶除少数用杉木皮盖之外，大多盖青瓦，平顺严密，大方整齐。

苗族住居形式多样，聚居中心雷山、台江一带保持传统的干栏式。苗寨选择楼址依托大山，可以起到很好的防卫作用，既方便逃生又可以站在奇峰险峻上瞭望敌情。房屋的朝向主要根据房屋所处村寨的朝向来决定，但本质上还是考虑太阳的运行轨迹，以便于采光和保暖。所以背山靠水，前方视野开阔，既阳光充足又不至于被暴晒的地方被苗家人认为是风水宝地，由此呈现出各种生动活泼的寨落形态。

二、空间与功能

四合水房屋的特点是在"U"形的基础上，将正屋两头厢房的前端相连，形成四方围合的形式，称为"四合水"。有的仅将厢房吊脚楼上部连成一体，两厢房的楼下即为入口"朝门"，"四合水"进一步发展即可成"二进一抱厅""四合五天井"等平面形式。这种吊脚楼适应性强，建筑功能已经十分完善，集住人、圈养牲畜、储存粮食与家具什物于一体。苗家人建的房占天不占地，田埂边、坡上、河溪边、巧壁上，均可因地制宜架设修建吊脚楼，苗家人最大限度地利用有限的平地平坡开垦田地，进行农耕种植。

每幢木楼一般分三层，上层储谷，中层住人，下层楼脚围栏成圈作堆放杂物或关养牲畜。底层一般不着精装板壁，常用于堆放杂物、安放石碓石磨或大灶，以及圈养牲畜等用。二层作生活起居所用，明间设堂屋，两次间分别设火堂间和卧房，部分吊脚楼另一档头设连接偏厦，与火堂间相通作厨房。住人的这一层，旁有木梯与楼上层和下层相接，设有走廊通道约1米宽。堂屋是迎客间，两侧各间则隔为二三小间为卧室或厨房。顶楼多为储藏粮食、种子及摆些轻便物资（图4-21）。

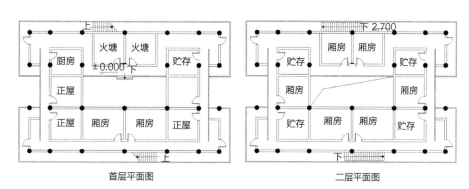

首层平面图　　　　　　　二层平面图

图4-21　四合水式各层平面功能分析（自作）

三、结构与选材

四合水吊脚楼主要的结构形式有穿斗架、抬梁架、硬山搁檩架和砖石承重体系。穿斗式构架具有用料较少、使用灵活等特点，在武陵当地民居中被广为采用，并发展有多种形式的做法，其中较为普遍的是"千柱落地"式，即构架每檩均有柱子落地，其间设多道穿枋联系，柱下设柱础，一般是每柱独立设置，也有数根柱子共用条状柱础。抬梁式构架常与穿斗式构架混合使用，一般在厅堂中，为获得较大的空间，又能节省用料，则采取明间抬梁结构，次、稍间穿斗结构的方法。与北方地区有所不同，该民居中的抬梁式构架的做法是由柱子（包括瓜柱）直接承檩、枋，三架梁、五架梁的梁头均做透榫插入柱中，而不是放在柱头上，每排木柱一般9根，即五柱四瓜（图4-22）。

苗族吊脚楼一般为前边大部分干栏式、后边小部分落地式建筑（图4-23）。这种吊脚楼主要是由于苗族村寨大多建立在河边半坡上，房屋依山而建，由于坡面较陡，要开出整块地基，挖坡时如竖切面过高，会破坏原坡地的承接力，容易引起切面塌方。

吊脚楼在建造用材上体现了就地取材的原则，以木材为主，加上石、竹、石灰、泥、瓦等。石、石灰、泥常用来打造地基和台阶等，这样可使房屋稳固安全，竹片与竹条镶入墙内以作筋的支撑之用，小青瓦则用于覆盖房顶。

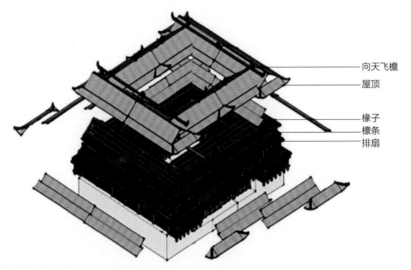

图4-22　四合水式结构示意（自作）

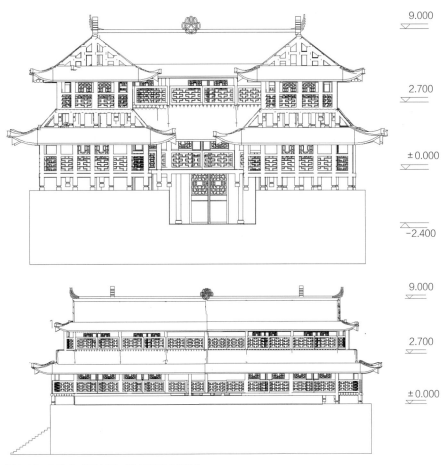

9.000

2.700

± 0.000

−2.400

9.000

2.700

± 0.000

图4-23　四合水式正立面、侧立面图（自作）

　　在木材的选用上，尤以枫木最为名贵，是建房的首选材料，其次是杉木，再次是椿树，除此之外的其他树木被看成是杂木，一般不被选来用作建房材料。枫木与杉木或椿树相比，更容易受虫蛀和变形，枫木之所以成为建房的首选材料，这主要和苗族神话对其族源的解释有着紧密联系，苗家人认为枫木与本民族始祖的来由和万物的来源有关，这可以在苗族地区广为流传的苗族古歌《枫木歌》中得到印证。苗族吊脚楼省地省材，其建造为榫卯结构，便于近地整楼移动，也便于拆迁后又斗合使用。所用木材多为轻便耐朽木材，迁徙时将房子拆除，分别扛到新的住地，经过一两天组装，又是一栋房子，一个新寨子。

四、形态与装饰

吊脚楼在择定屋基时非常讲究"龙脉"，常会选择一个背靠青山、面朝绿水、视野开阔的好位置，这种好择址宜家宜室，利于家族人丁兴旺、财气盈门。在吊脚楼的设计上，也体现了这种人与自然和谐共处的观念，依山而建的吊脚楼与大山融为一体，最大限度地适应自然地理风貌，建筑通过悬架、错落、叠置、分阶、组群等方式盘旋蜿蜒在山脉之中，有着极强的动感和审美气质，这种"天人合一"的审美观念，不管是现实的实用功能，还是就审美设计而言，在建筑史上都有较高的参考价值。

一般来说，以砖、石、泥土等作为主材料的吊脚楼，外观给人的感觉敦实而厚重，而以木、竹子等作为主材料的吊脚楼，外观给人空灵、通透的感觉。吊脚楼屋面举折，屋脊平直，两头加瓦起翘，从横向观察成弧线，且木结构的架空使整个建筑稳重中展现轻盈，避免了架空带来的头重脚轻之感，表达出富有节奏的艺术韵味，如鸟笼一样小巧，空灵通透虚虚实实，将吊脚楼内部的空间部分遮蔽，这种"犹抱琵琶半遮面"的美，给人以神秘感。

在建筑细部上，我们可以大量见到门上连楹的木制水牛角，腰门呈牛角形的上门斗；一些人家的板壁上还常会贴有用白纸剪成的太阳、月亮与若干小山神的图案；栏杆则雕有万字格、喜字格、亚字格等象征吉祥如意的图案；悬柱有八棱形、四方形，下垂底端，常雕绣球、金瓜等形体；窗绣花形则多为双凤朝阳、喜鹊闹梅、狮子滚球等。苗族吊脚楼常常是依山傍水而建，与山水合一，不仅节省了空间，点缀了自然，更是一种崇拜自然、热爱自然美的表现。

五、营造过程

贵州西江苗寨目前尚有不少四合水式吊脚楼，其修建吊脚楼也有一个成套的建房过程，也更加讲究，具体如下（图4-24）。

第一步：备材，在材料的选择上，主要讲究的是木料的选择。有的以枫木做柱和枋，有的喜欢用杉木和椿树作为主要材料。最重要的是选取中柱，选中柱要求选取枝叶繁茂、未被雷击、干直而圆且结果的树，隐喻生命的茂盛，即人财两发、富贵双全。砍伐做中柱的树也要选取黄道吉日，请一个三代同堂且儿女皆有的中年男子来砍树或先砍。

第二步：立宝梁，苗家人建房要选一根宝梁，十分讲究。在立房的头一天，房主要到山坡上挑选一棵杉木做宝梁，选用的杉木要长得枝叶茂盛，尺寸规格和檩子大小一样。

第三步：立房架与上梁，同天进行。立房时先立左排后立中排，最后立右排。每两排立好后要上檩子、接榫卯，钉上木钉，排与排之间要上好檩子、穿枋，搭接牢固。上梁即将梁平稳地拉到两中柱顶上安装好，形成吊脚楼框架。

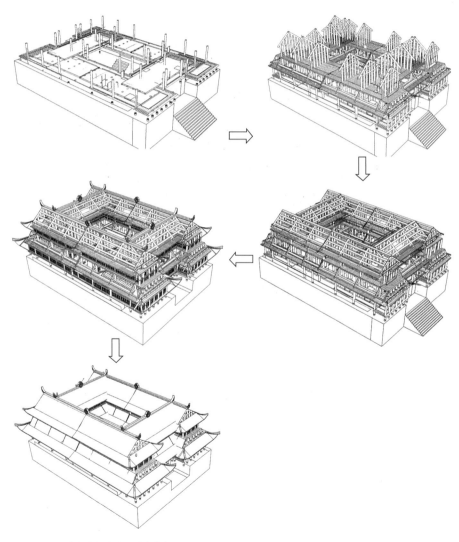

图4-24　四合水式营造流程（自作）

第五节　平地起吊式营造

我们说吊脚楼依山而建，即在一定的坡度上根据坡度选择吊脚，吊脚楼的一部分是接地的，直接使用地坪作为室内地面，另外一部分则采用吊脚，此外还有依崖而建的吊脚楼，如重庆洪崖洞吊脚楼，这也是吊脚楼产生的起因。平地起吊式却与之不同，它的主要特征是建在平坝中，按地形本不需要吊脚，却偏偏将厢房抬起，用木柱支撑，这种形式的吊脚楼也是在单吊的基础上发展起来的，单吊双吊皆有。支撑用的木柱所落地面和正屋地面平齐，使厢房往往高于正屋。这种形式的吊脚楼也不少见，比如在鄂西来凤县河东可以看到，恩施彭家寨、凤凰古镇以及贵州西江苗寨等地也均有出现（图4-25）。

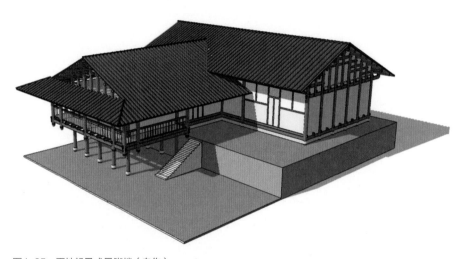

图4-25　平地起吊式吊脚楼（自作）

一、择地与选址

恩施宣恩县彭家寨是武陵山区土家聚落的典型择地选址，吊脚楼群依托观音山，因地制宜地建于山脚平地上，寨前是一排稻田，面向龙潭河，河上架有铁索桥。村寨择地选址依山傍水，避风朝阳，村落形态讲求与自然和谐，根据不同的地形进行不同的布局处理。吊脚楼为土家人居住与生活的场所，吊脚楼通常半立陆地、半靠山水；大多依山就势而建，呈虎坐形；讲究建筑朝向，或坐西向东，或坐东向西，选址考究。

山区山多田少，民居择地并适应地形，将屋基用木柱在平地上支撑起来，吊脚楼在建筑布局上非常巧妙地利用山川地形及周围的自然环境，形成"吊脚楼"式的民居形式，平地起吊式虽不局限于坡地，但与解决山区通风防潮及遵循传统生活习惯等原因是有因果关系的。

在广东南岭深处蓝天碧水之间，群山掩映之中，一座座别致的木楼依山势而居，在陡峭的山地营造出一块平坦的人类生息空间，这就是瑶族民居吊脚楼。瑶族是一个山地民族，住所往往依山傍水，其代表作就是人与自然和谐而居的吊脚楼。瑶族人多居住在山区，很少可供成片建造房屋的平地，于是他们便选择坡度较为平缓的地方，一半平整土地，另一半依据山势用长短不一的杉木柱头支撑，架木铺板，与挖平的屋场地合为一个平坦的整体，再在此整体上建房。山区气候潮湿多雨而且炎热，吊脚楼可通风避潮和防止野兽。瑶家吊脚楼"巧于因借，精在体宜"，瑶族人民根据实用性和环境特性，强化建筑性格，选择柴水方便、风光优美的地势，采用数十棵杉木撑起为基脚，建起被称为"千脚落地"的木楼。

二、空间与功能

平地起吊式的空间与功能和其他形式基本相仿，人们一般遵照习俗，灵活分层。平地起吊式的吊脚楼网格体系比较明确，均采用穿斗式结构，每排房柱5至7根不等，在柱子之间用瓜或枋穿连，组成牢固的网络结构。

吊脚楼通常分两层或三层，大多数吊脚楼在二层地基外架有悬空的走廊，作为进大门的通道（图4-26）。楼下堆放杂物或作牲口圈，一般以四排三间为一幢，有的除了正房外，还搭了一两个"偏厦"。底层都用作家畜和家禽的栏圈，以及用来搁置农具杂物等。中层住人，正中间为堂屋，堂屋两侧的立帖要加柱，楼板加厚，因为这是家庭的主要活动空间，也是宴会宾客、笙歌舞蹈的场所。有少数人家在正对大门的板壁上安放有祖宗圣灵的神龛。神圣的家庭祭祖活动就在堂屋进

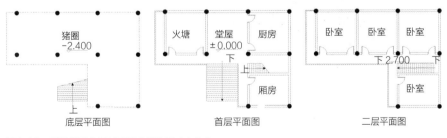

图4-26　平地起吊式各层平面功能分析（自作）

行，一般情况下，左右侧房作为卧室和客房。三层多用于存放粮食和种子，是一家人的仓库；如果人口多，也可隔出住人的卧室。厨房安置在偏厦里。建筑的空间分割组合，以祖宗圣灵神龛所在的房间为核心，再向外延伸辐射。家庭成员在这样的空间组合下生活，无形中便被祖宗圣灵所在的堂屋的空间引力所凝聚，从而为家庭的团结增强了亲和力。

三、结构与选材

平地起吊式吊脚楼的建筑主体由承受荷载的木构屋架、遮风挡雨的屋面、围合空间的壁板，以及门、窗、栏杆、楼梯等几部分结构构成。木构屋架主体为穿斗式结构，由柱子、穿枋、斗枋、梁等构件组成。屋面由木椽子、檩和遮盖材料（如青瓦、茅草、杉木皮等）构成。壁板、门、窗、栏杆、楼梯则都可看做具有独立功能的构件（图4-27和图4-28）。

穿斗式结构的特点是不用横梁而用柱落地承受屋面荷载，为了便于装壁板，柱与柱之间用枋横穿柱心，至出檐则变成挑，承托檐端。因此，这种形式的吊脚楼根据构件位置与受力方式的不同可以分为垂直承载式构件与横向承载式构件。垂直承载式构件主要为柱子，根据柱子与地面的关系，又分为落地柱与不落地柱（又称为骑柱）。落地柱主要又可以分为檐柱、金柱、中柱、将军柱等。一般落地柱并非直接与地面接触，为了提高防腐耐久性，落地柱底部一般设有石头材料的

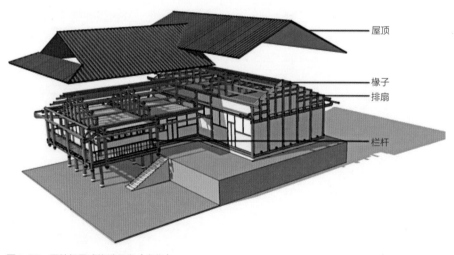

屋顶

椽子
排扇

栏杆

图4-27　平地起吊式构造示意（自作）

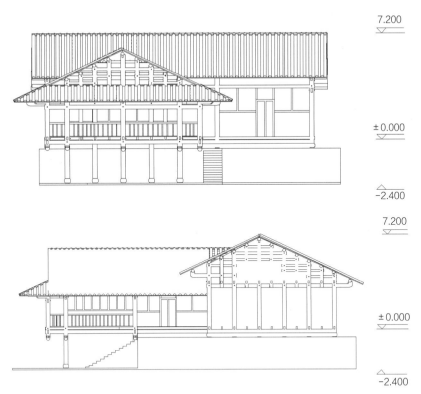

图4-28 平地起吊式正立面、侧立面图（自作）

柱础。落地柱和不落地柱组成屋架，而屋架柱的根数决定房屋的进深，一般多为单数，鄂西土家族吊脚楼的柱间步尺一般为2.5尺，有中柱、将军柱、骑柱和檐柱等。檐柱主要支撑吊脚楼出檐造型的大部分重力，通过与挑枋接合，将力传递到挑枋上。有些吊脚楼的檐柱底部延伸到挑枋的下面，并刻成花朵等垂柱头形式，提高檐柱的装饰作用。

瑶族吊脚楼整座木楼以杉木为柱、为梁、为壁、为门窗、为地板，以杉皮为盖顶，不油不漆，无矫无饰，一切顺其本色，自然天成，朴实无华，或金鸡独立于山脊，或连片成寨于坡前，或负山含水，或隐幽藏奇，千姿百态，格局自由，情调浪漫，更重要的是它冬暖夏凉，不燥不潮，空气新鲜，是瑶山人最好的居所。

四、形态与装饰

从纵向看，吊脚楼形成了"占天不占地"的剖面，这些剖面的形成多采用架空、悬挑、掉层、叠落等手法进行处理，这种建筑形式不仅适合于当地地形条件，而且在视觉效果上增加了空间层次和上下之间的明暗对比，毫无生涩呆滞的痕迹。

走进武陵大山，只要稍加留意就会发现，在郁郁葱葱的山坡上，清澈的小河边，或被当地人称为坝子的边缘，都点缀着吊脚楼。这些吊脚楼就如晶莹的星斗洒落在苍茫的山水间，当一座座吊脚楼不断出现在武陵大山的时候，这些优美的自然山水立即变成了人文山水，寂静千年的大地立刻变得生动起来。就像歌舞对于这个民族一样，如果缺少了吊脚楼，这片土地就会暗淡无光，这个民族就少了许多生气，所以吊脚楼始终是装点土家族人生活的星光。

广东南岭的瑶族吊脚楼，以分散的、朦胧的、隐蔽的方式呈现，像一曲淡雅美妙的音乐，像憨厚纯朴的瑶家汉子，像恬静害羞的瑶家女儿，融入大自然的怀抱中，以和谐统一、浑然一体的内涵之美感染着人们。

散布在大山中的吊脚楼群就像土家山歌一样丰富多彩，或组合成一个小镇，或构成一个寨子，也有不少单处的吊脚楼。无论是吊脚楼群，还是单家别院，都坐落在风景极佳的地方，茂林修竹环绕周围，小桥流水穿梭其间，甚至不少吊脚楼群掩映在古木翠竹中，就像一幅幅山水画。大有"山深人不觉，全村同在画中居"的意境。

吊脚楼传统建筑构件具有强烈的象征性，是中国传统建筑文化最常见的逻辑。工匠工艺水平高超，窗花雕刻有浮雕、镂空雕等多种雕刻工艺，雕刻有飞禽走兽、花鸟虫鱼、歌舞竞技、神话传说等，雕刻手法细腻，内涵丰富多彩，有的象征地位，有的祈求吉祥，有的表现农耕，有的反映生活，有的教育子孙，有的记录风情，栩栩如生，寓意深刻，表达了这些少数民族的人们求吉祥、消灾祸的美好愿意，以及对未来美好生活和健康长寿的追求。

门窗、栏杆、屋面等绝大多数功能型建筑构件都是人们喜爱装饰的对象，而且装饰素材种类繁多，变化丰富。门窗是吊脚楼装饰的重点构件，而门的装饰一般表现在门框与门扇上，重点是门扇。门扇一般用木板镶拼成雕花门，或者细木榫接成隔扇。窗户的装饰主要是窗横，通常用细木榫接成雕花而成。门窗装饰的素材多为龙凤虎豹、花卉、植物、万字福字、王字寿字、吉祥如意等纹样。栏杆装于两柱之间或窗下，有一部分栏杆未进行装饰，有一部分栏杆带花装饰，而且包含有其他类型的装饰素材，如"回"字格、"万"字格、"喜"字格、"亚"字格和"D"字格等。

屋面的主要装饰部位为屋脊与翘角,其装饰大多数与风水、避邪有关。屋脊的主要装饰素材为:钱形纹、方形纹、文字图案形、花叶纹、组合纹、瓶形、蝙蝠形、葫芦形、寿桃形、"品"字形等;翘角多采用的素材为:鳌形、凤尾形、卷叶花纹等。

石柱础是辅助构件中的主要装饰构件,其已由原来简单的石块,发展成了鼓形、瓜形、斗形、方形、六角或八角形等,在柱础的表面刻有形态各异的动植物形象,主要以龙、凤、鱼、虎、蛇、狮、麒麟、天马、卷草、荷叶等装饰素材为主。板壁用刨光的杉木板封装。每间的窗棂子用木条拼成形状不同的图案。各间的房门均为独扇,唯有堂屋大门为两扇。富裕人家还在大门上刻有龙凤浮雕。大门上方,两头安装有两个门当木雕,门当的另一头成牛角,俗称"打门锤"(图4-29)。

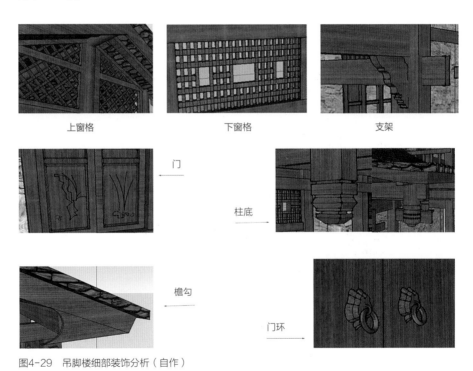

图4-29 吊脚楼细部装饰分析(自作)

五、营造过程

平底起吊式吊脚楼的营造过程如图4-30所示。

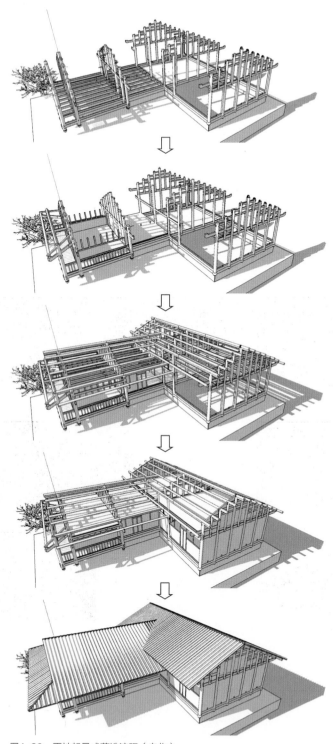

图4-30 平地起吊式营造流程（自作）

第五章
吊脚楼风格特征

在历史漫漫长河里，武陵山区少数民族人民积累了丰富的生存智慧与经验，经过不断积淀最终形成具有民族特色的传统民居吊脚楼。少数民族特有的宗教信仰、伦理哲学和审美意念等生存经验，以大小木作、石作、泥瓦作等建造方式集于吊脚楼一体，是传统民居的优秀典范。吊脚楼民居展示了各族人民的创造精神。由于武陵地区民族分布的广阔性、复杂性、差异性，表现出以黔东南吊脚楼、湘西吊脚楼、川渝吊脚楼、鄂西吊脚楼为代表的四地不同的风格。本章通过解读与分析西江千户苗寨、湘西凤凰古城、重庆洪崖洞、鄂西彭家寨四地吊脚楼，对比研究各自在选址布局、空间形态、结构与构造、材料与装饰等方面的典型特征，探讨吊脚楼民居与聚落的深厚文化内涵，为推进并实现吊脚楼文化的保护与传承提供依据。

第一节　黔东南吊脚楼

千户苗寨位于我国贵州省东南部的苗族侗族自治州、雷山县的西江镇，该地区四面环山，气候冬暖夏凉，空气清新怡人，十分适宜人类生存与居住。千户苗寨呈现出的村寨景象——村落精心选址布局，漫山遍野、依山傍水的吊脚楼群，村寨中青石板铺装的街巷，富有民族文化特色的建筑装饰，共同构成一幅天人和谐的唯美画卷（图5-1）。

图5-1　千户苗寨古色生香（自作）

一、选址与布局

千户苗寨的选址尽显传统朴素的风水学与堪舆论，真正体现"依山傍水"四字原则。武陵山区地形起伏变化，平地稀少，肥沃而平坦的河床对传统农业生产而言非常宝贵，利于耕作的平坦地区留给庄稼，最大程度地利用山地条件搭建建筑，因此沿河是农田，村民的住房则顺着河谷两侧的山坡向上依山而建，千户苗寨漫山遍野的吊脚楼，气势十分壮观。

在以农业生产为经济主体的地区，水对人们的重要性不言而喻，在有条件的地区，村落选址往往距离水源不会太远，从生产中的灌溉到生活中的洗衣做饭，紧邻水源都能够带来极大便利。随着社会的发展和旅游业的开发，西江的产业结构发生了巨大变化，沿河的农田范围不少被改造成为滨水景观大道或民族文化表演的开阔场地。

西江苗寨虽然没有进行过系统性的规划设计，但整个寨子却如同经过详细的设计而具有良好的整体效果。与我国北方传统民居讲究坐北朝南不同，在西江山区地形条件的限制之下，单体建筑物的朝向别具一格，各家各户的房子追求"前要开敞，后有遮挡"的原则，往往顺着地形依山而建，民居的排列跟随山势大体上沿着等高线布置，屋顶的坡向也与地形契合。由于山区用地紧张，千户苗寨的建筑布局相当紧凑，各家的宅基地都非常有限，中国传统民居的"院落"概念在这里难以体现，这样的村落布局形式最符合当地居民的利益。相邻两户人家之间仅有一条窄路相隔，前后左右吊脚楼屋檐相叠也是常有的事，为了最大限度地利用自家宅基地，各家建房时不得不尽量与隔壁邻居达成默契。西江苗寨这样一个在漫长历史演化中自然形成的传统村落，每家每户的房屋都是当地人自己修建的，并没有整体的协商和规划统一，但是每栋建筑都是在尊重原始地形条件的基础上修建的，再加上相对统一的建筑材料和建筑形式，村落整体上、民居相互之间、建筑与环境之间都达到了令人惊叹的和谐。

二、空间形态

千户苗寨吊脚楼多为单栋式，由于受地形条件的限制，与北方建筑平面维度的传统"院落"的组合相比，其空间组合关系重点体现在单栋建筑自身，单栋建筑在垂直和平面两个维度上，经过长期的房屋营建过程不断演化，形成了具有群体意识的组合模式。

西江苗寨传统民居在垂直维度上的空间组合模式可分为基本模式和衍生模式两类，基本模式是群体营建意识中最根本、最常见的范式，而衍生模式具有明显的演变特征。千户苗寨民居空间垂直组合的基本模式较为固定，从剖面关系看一般分为三层，从下到上依次为吊脚层、生活主层和阁楼层。吊脚层一般承担生产空间的职责，而阁楼层主要承担贮藏空间的职责，这也是整个武陵地区吊脚楼垂直空间组合的基本模式。衍生模式则是在此基础上，根据地形条件、空间需求的不同，在阁楼层和吊脚层两个因子上演化产生不同的模式。阁楼层的演化是对其在垂直方向上重新进行空间分配，即产生一个"二次阁楼层"。同样，吊脚层的演化则是以复合的二次架空形式而实现，这里称之为二次吊脚，通过二次吊脚的方式从下方争取使用空间。

千户苗寨民居单体在平面维度上也同样具有较为典型的地域性空间组合模式，这种空间形态是苗族人生活习惯的集中反映。从总体上看，生活主层以堂屋空间作为中心，其他各主要生活空间围绕其布置。在西江苗寨民居中，除去其他一些附属用房以外，主体建筑以具有明间和次间的 3 开间最为常见，也有加设"偏厦"形成4开间或5开间格局的。在以上的开间格局下，堂屋在主层中的位置也常常居于平面中心，就连少有的两开间民居虽然堂屋不能在位置上居于中心，但其空间组织的核心作用依然明显，其空间及人流组织也都仍以堂屋为中心。

三、结构与构造

千户苗寨位于山林之中，方便取用木材，因此房屋也大多为木结构建筑，并且充分运用当地的木、竹、石、泥或其他材料，使建造出来的房屋具有相当的柔韧性。苗寨最早的茅屋建筑采用简易的原始建筑形式，是在木架结构上铺上茅草作为屋顶，还会在墙板的外面涂上稀泥，或者是筑成土墙等以求得冬暖夏凉。时至今日，西江千户苗寨吊脚楼每栋三至五间不等，而每间都有五根左右粗壮的立柱支撑整个建筑，另外还设置有小立柱，立柱的横枋之间用榫卯、木栓等物件加以穿合、固定，从而使整个建筑稳固、牢靠，楼内枋枋相接，柱柱相连，构成一个结构严谨的三维空间体系。

千户苗寨吊脚楼大木作营造技艺非常精湛，最主要的构造特征体现在斜梁上，采用南方独特的穿斗式结构设置整体建筑的木架。西江千户苗寨的穿斗式木架结构多了斜梁部分，就是顺着屋架的方向在瓜柱与柱子的上端，沿着屋顶的坡度放置一根原木，从屋脊延伸至房屋的檐口部位，西江千户苗寨吊脚楼除了能够在瓜柱或柱子上放置檩子之外，其斜梁之上同样也可以放置檩子。正是因为多了斜梁的特殊功用，西江千户苗寨吊脚楼木架结构中的瓜柱、柱子、檩子不需要一一对应，柱子不再受檩子的限制，不仅摆放位置更加灵活，而且也能够根据需要适当减少瓜柱与横梁的数量。斜梁依据室内空间的大小灵活搁置，不仅能够得到更加宽阔、合理的室内空间，而且也能够呈现出更加灵活的室内空间分隔样式。西江千户苗寨吊脚楼这样的结构与构造，表现出灵活、自由、稳定及建造方便等方面的优越性，苗家人灵活自由设置空间，既实现了空间利用的最大化，也便于欣赏苗寨山区美丽的自然风光和人文景观，体现出吊脚楼通透宽敞的室内空间设计风格特征。

四、材料与装饰

千户苗寨吊脚楼十分密集，出于防火需要，苗寨建筑师引入了"封火墙"的形式，与湘西凤凰地区的苗寨建筑相比，西江苗寨的"马头墙"并不是十分明显，但也呈现出"马头墙"的形制特征。其次是美人靠，西江千户苗寨吊脚楼的"美人靠"主要位于二楼堂屋正面宽敞明亮的外廊位置，通过悬挑的形式呈现出一种古朴典雅、清新脱俗的视觉观感。在造型设计方面，"美人靠"往往会微微向外凸出，栏杆设计尤其别具匠心，将数量不等的弯月形木条等距安装在木凳板上面，其下方的平木板与楼板相连，从而形成一个宽敞的木制走廊，这里是过渡及休憩空间。

我国传统文化讲究"天圆地方"的观念，并深深地融入各族人们的意识。西江千户苗寨的门窗装饰以方圆为主，散发出浓郁的传统文化色彩，主要是运用几何图案做分割，外部则大都是通过三分宽的木条构成长方形、正方形、菱形或多边形的几何图案，这些几何装饰图案的节奏性、规律性体现出一种整齐划一的秩序感和富有节奏的韵律感，既体现了此地人们审美追求价值的特殊性，也符合国人审美的普遍性。

第二节　湘西吊脚楼

据《凤凰厅志》的记载，湘西凤凰在夏、商、殷、周之前被称为"武山苗蛮"之地，春秋战国时期楚国兴起，凤凰为"五溪苗蛮之地"。时至今日，优美绮丽、颇具特色的凤凰古城风貌伴随着湘西吊脚楼的发展和进步逐渐形成，是湘西吊脚楼深厚文化底蕴最有力的见证。

一、选址与布局

凤凰古城地处湖南省西部边缘，这里四周群山环抱，风景秀丽，历代建筑保存完整，名胜古迹星罗棋布，具有丰富多彩的民族风情和浓郁的文化气息，被誉为中国最美的小城。

凤凰古城延续了湘西地区山峦起伏、河流纵横的地表特征，呈现出三维的空间特性。基于这种背景，凤凰古城的吊脚楼择地选址变化自由，或位于丘壑岗峦之间，或位于漪链池水之旁，或位于急流险滩、临水绝壁之巅，吊脚楼民居与地区自然环境高度融合、相互穿插，建筑各体块组合灵活，极具建筑艺术价值。

凤凰古城依山傍水，特殊地貌造就了与众不同的风姿。这里的吊脚楼依山脉河流走向的趋势沿等高线排列，表现出不规则的自由倾向和多方位的空间特征，整体布局和单体形态不求具体形式，依水就势与水相依，灵活变化，人工环境与自然环境浑然一体。吊脚楼村落有沿河的城镇型，倚河靠岸，彼此连接，呈现景观整体感，另外还有坡地乡村型吊脚楼村落，位于乡村坡地，比较注重单体形态的塑造，这里的吊脚楼在单体木构建筑的组合中，随着梯坡的变化、构架的起落、屋顶的高低错落，构成极具层次感和结构之美的吊脚群楼（图5-2）。

图5-2　凤凰吊脚楼（自绘）

二、空间形态

湘西凤凰地处亚热带气候，气候温和，因此对屋面的抗寒隔热功能无严格要求，屋面主要起到遮风挡雨的作用，主要由木椽子、檩和遮盖材料如青瓦、茅草、杉木皮等构造而成。湘西凤凰吊脚楼利用各种屋面形式的组合，创造出了丰富多彩的建筑式样。一般采用悬山式屋面，即双面坡，有条较长的脊，使两侧屋顶面悬伸于屋墙外形成出檐，只有厢房的屋面是带有土家族特色的歇山式屋面，有一条正脊、四条垂脊和四条戗脊，可看作是悬山式屋面屹立在一四面斜坡的屋面上。

凤凰吊脚楼分上下层，中层主体空间是一家人的活动中心，正中间为堂屋，少数人家在正对大门的板壁上安放祖宗圣灵的神龛，大多数堂屋的走廊上安装独特的"S"形曲栏靠椅，形成多功能凉台。上层宽大，做工考精细究，下层依据地形变化，占地不一定呈规则形状，架空的底层既可以通风还可以防潮，并且可保证居室生活不被爬行毒物侵入。架空层属于半封闭半开敞的空间，利用地形丰富的空间形态，用吊脚分割空间，表现可大可小、可高可低、自由灵活、个性独特的多种形态，在建造中最大限度地减少了土方挖掘，形成了湘西地区高低错落、跌宕起伏的吊脚楼建筑群。

湘西凤凰古城河岸吊脚楼建筑融合了苗族民俗与若干徽派建筑的特点，整体造型比较灵巧、考究，建筑空间各部分体块明显，组合方式较灵活自由，表现出错层、退层等丰富形式。凤凰沱江采用四合水式吊脚楼，其立面的高、宽尺度比例数值大于1，呈长方体块状，建筑空间较为开敞，对门、窗、栏杆尺度比例设置较讲究。这种四合水式吊脚楼建筑外部空间形态的最大特征，在于利用上下穿枋支撑挑出走廊或房间，并使之垂悬于河道之上，从而在视觉上形成了独特且生动的河岸风景。

三、结构与构造

湘西凤凰古城沿河两岸的吊脚楼所有门户的朝向一律是"座山"的一面，而"面水"的一方是由吊脚承载楼板，架立在梯坡或河里的木柱支撑走廊上的厢房，土家人叫做"笼子"，通常做子女的用房。这种"笼子"是当代吊脚楼民居建筑的重要标志，笼子的造型随地坪条件变化及主人的意愿不同而显示出强烈的个性特征。在适应湘西地区独特山地地貌的演变中，吊脚楼形成了两种构造类型：一种是挑廊式吊脚楼，也称为半干栏式吊脚楼；一种是全干栏式吊脚楼，也称干栏式吊脚楼。挑廊式吊脚楼是因吊脚楼二层挑出一走廊而命名，其主要建造特点是建筑主体底面一部分落于基地上，另外一部分则位于支撑柱上，这种类型的吊脚楼能很好地适应地形并形成平台，使得地形对吊脚楼主体的制约被有效消除。

古城吊脚楼最有代表性的就是廻龙阁吊脚楼群，该吊脚楼群属清朝和民国初期的建筑，全长240米，前临古官道，后悬于沱江之上，是凤凰古城具有浓郁苗族建筑特色的古建筑群之一，如今还居住着几十户人家。吊脚楼在整体结构上属于"厂"形穿斗式的"半边楼"构造，这样将建筑的大部分空间建立于实地之上，再利用梁、柱构件穿斗连接，悬挑出建筑的小部分空间，这样的构造形式具有较强的稳定性，使得沱江河岸吊脚楼的建筑构造兼具了榫卯连接结构及砖墙承重结构的优点，具有较强的结构稳定性及抗震性。

湘西土家族吊脚楼的建筑主体由承受荷载的木构屋架、遮风挡雨的屋面、围合空间的壁板以及门、窗、栏杆、楼梯等几部分结构构成。木构屋架主体是穿斗式结构，由柱子、穿枋、斗枋、梁等构件组成，其屋面由木椽子、檩和遮盖材料（如青瓦、茅草、杉木皮等）构成，而壁板、门、窗、栏杆、楼梯都可看做具有独立功能的构件。

四、材料与装饰

湘西凤凰古城周边有丰富的森林资源，吊脚楼在山墙及屋脊建筑部位均运用复杂的装饰，屋顶为"人"字形，屋面铺设黑瓦，檐口轮廓线呈直线状。屋脊通常采用叠瓦的形式顺墙头垒砌，脊首形态多为"三角形"，脊翼向上翘起，多雕刻泥塑的卷草或凤凰状脊饰。建筑三面设有挑出的走廊且多设雕花栏杆，造型柔美。建筑除山墙采用当地泥土烧制的青砖建造外，梁、柱、地板等结构部件全部采用杉木制作，屋顶则采用杉木树皮或由当地泥土烧制的黑色土陶瓦覆盖，建筑支柱多立于石墙、护坡或石块、石墩柱础之上，因而既能防腐又能增强建筑结构的稳定性（图5-3）。

吊脚楼的护栏及柱头下部分均采用大小木作雕刻，有类似金瓜、各类兽头、花卉图样装饰，其室内陈设与装饰也很有特色，许多细部处理都体现了苗族的民族信仰和文化习俗。当地的吊脚楼建筑多以杉木及瓦石为主要建筑材料。门、窗、瓜柱等建筑构件多做装饰性处理，也是其较具特色的形态表征。如瓜柱通常会被雕刻上金瓜、各类兽头及花卉图样等装饰，窗花为多种直线组合的雕刻纹样，栏杆多采用柔美的曲线造型等。栏杆及门窗雕都有花栏，栏杆装饰图案众多，不局限于鄂西的直栏杆和少量的花饰栏杆，湘西的栏杆多装于两柱之间或窗

图5-3　凤凰吊脚楼细部材料与装饰（自作）

下，有一部分栏杆未进行装饰，有一部分栏杆带花装饰，而且包含有其他类型的装饰素材，如"回"字格、"万"字格、"喜"字格和"亚"字格等。

在建筑用色上，民居多以黑、红、灰为主，基台石块多呈红褐色，屋顶小青瓦则是黑灰色，中部板壁也是大面积的灰色，吊脚楼整体感觉低调而素雅。

第三节　川渝吊脚楼

重庆洪崖洞吊脚楼历史久远，是重庆地区传统民居的典范，以重庆洪崖洞为代表的川渝吊脚楼反映出重庆漫长历史时期形成的社会和文化的独特性，也是人类文明的浓缩与凝固。

一、选址与布局

"三分丘陵七分山，剩下平地三厘三"道出了重庆山区建设用地的宝贵，为了节省土地，城区吊脚楼群体顺应等高线层层布置，由低及高，聚簇而立，形成了屋宇层叠、高低错落的"多维簇群"空间形态。而在重庆几百里两江及其支流地域，吊脚楼群体则以场镇为聚居群落星罗棋布，如珍珠般镶嵌于江河两岸，形成独具特色的沿河线型群组空间形态。

．现如今的重庆城区依然地势起伏、道路弯曲、街巷狭窄，吊脚楼依山就势、鳞次栉比，形成独特的建筑群体形态和山地城市空间。由于土地的三维性与复杂性，城区吊脚楼簇群形态最大的特点就是"多维"，具体表现为：平行等高线的依山式，即利用局部较为宽展的台地建造吊脚楼；依山绕缠式，街巷随弯就势盘绕而上形成群组，吊脚楼簇群错落，布置自由，街巷空间变化丰富；还有就是垂直等高线的爬梯式，街巷以梯道为主，吊脚楼背山面江，顺坡而上。因此城区吊脚楼多维簇群空间形态常常"因境而成""随曲合方"，所反映的空间层次比平地丰富而深厚得多，强烈地表现了山地城市吊脚楼群组空间的形态特征，给人印象十分深刻。

洪崖洞吊脚楼较多是沿等高线、依山脉或河流的趋势和走向排列，整体布局和单体形态均表现出不规则的自由倾向和多方位的空间特征。除了自然的地形地势之外，路径、街巷和邻舍共同构成吊脚楼群体空间形态，房间可以不方，院落可以不整，不恪守常规的结构逻辑，空间形态体现出一种随心所欲、粗放洒脱的特点，更呈现出竖向空间的立体感。

二、空间形态

重庆的山对洪崖洞吊脚楼的空间形态有明显影响，吊脚楼的场地精神与山地有着密切联系。洪崖洞的吊脚楼群都处在"单坡"上，面向山坡的一侧底层架空形成吊脚，建筑的景观表现为融入型，即"悬崖绝壁式"，吊脚楼在整体上服从山地环境，注重对山地原有景观的维护，强调吊脚楼与各山体地段的融合，与山地环境相互渗透，表现出对山地的归属感（图5-4）。

重庆的水对洪崖洞吊脚楼的空间形态也有明显影响，吊脚楼的场地精神与水有着密切联系。水面作为吊脚楼的背景漂浮于旁边，会产生建筑和水相互融合的效果。吊脚楼整体外部临水，呈现开阔、外向的空间布局，建筑在水面的衬托下向外伸展，其整体布局充分体现了建筑的亲水性格。江河水体呈线形展开，具有一定的方向性，可以引导人们的视线，达到步移景异的观景效果，聚居两岸的吊脚

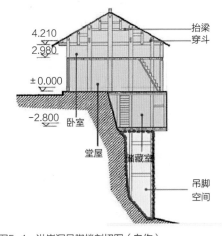

图5-4　洪崖洞吊脚楼剖切图（自作）

楼就是由于沿靠嘉陵江、长江而繁盛至今。

基于对重庆山水格局的尊重，洪崖洞尽可能地利用和组织周围山水环境条件，不大挖大填就能形成良好的外部空间。吊脚楼与环境巧妙镶合，通过就地取材利用条石、块石、片石砌筑勒脚、基础、堡坎，在材质上与自然环境取得协调、浑然天成，基地内的岩壁、山石等均不是随意砍削、挖填或损毁，而是恰当地组织到环境中成为吊脚楼的有机组成部分。

三、结构与构造

以重庆洪崖洞为代表的川渝吊脚楼屋顶多为小青瓦双坡悬山式，悬山式屋顶也是我国传统建筑中最常见的一种形式，在吊脚楼的屋顶形式中，悬山式屋顶占绝对的多数，这是由于重庆地区雨水比较多，悬山式屋顶有助于保护好侧面山墙免遭雨水的侵蚀。悬山一般有正脊和垂脊，较简单的仅施正脊。悬山式的特点是屋檐两端悬伸在山墙之外，又称为挑山或出山。山墙方向的出檐在不同的吊脚楼中变化很大，一些木装板墙的吊脚楼出檐较大，在 1.5 米以上，需将屋檐在山墙边挑出足够的长度，以免木板墙受到雨水的侵蚀。双坡屋顶在建筑的正面出檐较大，有的甚至盖过建筑前的街道，在3米以上，出檐小的从封檐板到建筑的墙身，也有 1 米出头。悬山式屋面梁架非常简单，屋面由檩条支撑，檩条直接搁置在柱头上，柱与柱之间主要由欠子来拉结，以保证整个框架的稳定性，在山面的地方，檩条会直接冲出山面以承托悬出的屋面的重量（图5-5）。

不同形式的吊脚楼屋顶的坡面有矩形、梯形等规则的形状，川渝吊脚楼坡面的形态变化较多，可能会连续向前梭坡形成一个锯齿状的坡面，这是建筑为了适应新的功能变化而使屋面做的相应的改变。川渝吊脚楼的屋面变化除了屋顶本身

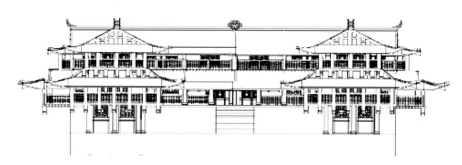

图5-5 洪崖洞吊脚楼屋顶形式（自作）

形式多样，坡面的变化也很丰富，屋顶由于有采光的需求，许多还使用老虎窗、猫儿钻、亮瓦等特殊构造。老虎窗其实并不是出自中国传统建筑，而是欧式建筑的符号，只是在近代才漂洋过海传到中国，被川渝吊脚楼所吸收。老虎窗即为一垂直于正脊方向的人字形坡面，其大大地丰富了屋面的视觉效果。一般在屋顶处设计有阁楼的屋面会装有老虎窗，可以起到很好的采光作用。老街临河一侧的吊脚楼屋面许多都装有老虎窗，它成为阁楼观赏沿河风景的窗户，视觉环境极好。川渝吊脚楼被叫做猫儿钻的构造，它的做法非常简单，就是将几块瓦立着叠放，能够挡住雨水就行，猫儿钻同样能起到一定的通风和采光的作用。而亮瓦是在屋顶局部使用透明的材料来代替瓦片，吊脚楼整个单元四周很少开窗，临街店面利用街道宽度自然采光，而内部房间没有可用的天井采光，利用亮瓦可以解决采光问题。亮瓦在加强室内采光方面十分有效，且构造简单，它作为吊脚楼采光的另一个层次，可补充室内采光的不足，是川渝地区吊脚楼采用的一种屋面构造。

四、材料与装饰

川渝吊脚楼就地取材，突出材料本来的颜色和质感，体现自然，在装饰上面较为节制，少有过分的雕梁画栋。从建筑材料来看，几乎全部使用竹木构架与装修，充分利用当地自然材料作为房屋结构构件和围护材料，质感既丰富多变又协调统一，色彩则朴实无华又素雅天然。使用天然的木材、竹材，灰瓦，一般不砌砖墙或土坯墙，外观轻巧空透，造就了吊脚楼与自然界浑然一体的朴素的建筑形象。洪崖洞吊脚楼的穿斗构架以满堂柱和隔柱落地两种形式为主，柱间以横向的穿枋连接木构穿斗结构，构成朴实典雅的"人"字形分格。屋顶采用小青瓦，建筑轻巧，灵活大方，建筑出檐常作单挑、双挑，加之撑拱、吊瓜柱的修饰，使建筑外观美观自然。

川渝吊脚楼虽单纯朴素，但相对讲究，不崇尚精致和奢华，也不追求宽绰和气派，宽裕点的人家也不过是吊脚楼占地宽阔一点，只在栏杆、门窗赋有象征意义的变形"万"字符号，配以简单的花草图案富含寓意。洪崖洞吊脚楼朴素的品格表现为不浓艳、不华丽、不雕琢、不矫饰，采用木构穿斗构架，构成朴实典雅的方格，反映了朴实的结构性能特征，外墙面采用板墙及夹壁墙，粉刷成白色，木柱精巧，形象自然，极富巴渝文化特色，色彩主要为青、灰、白、浅黄等几种，显得十分和谐、低调，古拙纯净，自然天成（图5-6）。

小青瓦

"万"字形栏杆

板墙

吊瓜柱

图5-6 川渝吊脚楼细部材料装饰
（图片来源：http://bbs.zol.com.cn/dcbbs/d657_395219.html）

　　墙体材料多种多样，主要墙体形式有竹编夹泥墙、木板墙、竹编墙，还有砖石墙等。由竹编夹泥墙或木板墙做成的外墙，其历史可以追溯到汉代明器和画像砖上，在宋《营造法式》中称夹壁墙为"隔截编道"，这种墙体经济实用，但很薄，不甚保温，减轻了吊脚楼支柱的承重量，还易移动，维护简单。竹编夹泥墙又被称为"可呼吸的墙"，有很强的吸潮透气作用，可以调节室内空气湿度，把过重的潮气"蒸发"出室外，川渝盛产竹子，因地制宜采用这种墙是最为合适的。

第四节　鄂西吊脚楼

　　湖北省西部恩施自治州宣恩县的彭家寨吊脚楼古香古色，如同一颗璀璨的明珠闪烁在宣恩县西南边陲。土家族彭家寨的吊脚楼沿龙潭河分布，聚落实体与自然生态融合形成具有显著地域特色、人与自然和谐共融的复合生态系统，是极为罕见的集"体量美、空间美、层次美、轮廓美"于一体的绝美吊脚楼群。

一、选址布局

　　鄂西土家族吊脚楼多依山聚居而建，依山傍水随势赋形，建筑造型与布局自由活泼、高低错落。鄂西土家族的居住方式有择山而建、单家独户，父母兄弟屋宇相连，也有土家族大姓大户聚族而居，无论是哪种类型的民居结构，一般在土家族群居的地方都形成山寨。吊脚楼村寨分布形式一般有三种：一是山巅之上，二是半山腰间，三是山脚溪河之畔。

在鄂西土家族，有"只许白虎高万丈，不许青龙抬头望"的说法，所以彭家寨的选址布局表现出"占山惧水"的特点，也就是以山地为主要形式，占水而建的则极少。顺坡就势布置在斜坡、台地、溪边、沟谷等地段，既可减少土方量，又可建成错落的乡村小巷式建筑聚落。背山面水的选址布局原则，使得基址背后的山峦可作冬季北来的寒风的屏障，面水则可迎接夏季南来的凉风，争取良好的日照条件，选择坡地而居可避免洪涝，并可取得生产、生活用水的方便条件（图5-7）。

恩施彭家寨吊脚楼布局自由灵活，又适应地形环境，房屋分台而造，层层递进铺排，每栋形成独立的院落。顺应山势铺筑道路，掩映于绿树环抱之中的吊脚楼通过曲折蜿蜒的山道相连，遵循地势高差，村落呈现出按一级一级的层次向上排列的气势，掩于丛林之中，村寨格局自然形成，颇为壮观。

图5-7 彭家寨选址布局（自摄）

二、空间形态

在平面的空间上，彭家寨吊脚楼顺应地势在较为开阔的空地形成"L"或"U"形的建筑模式；在狭长的山坡上，则向左右发展形成线性空间。在地基的选择上，吊脚楼延续了传统的适应地形的手法，以规则的吊脚楼平面形式来弥补不规则的地基，所以我们可以看到吊脚楼与正屋成90度夹角。在立面的空间上，吊脚楼随坡势起伏，利用多层次变化使外部空间形态产生高低错落的层次感。平面上的组合是通过开间的增减安排次要空间，前后空间上，由于地基的高低落差，后栋建筑的室外平台往往是由前栋建筑错落有致的大屋围合而形成。

彭家寨吊脚楼的屋面多采用歇山式，在垂直方向采用架空、悬挑、吊层、叠落等手法进行处理，这种歇山式屋顶具有流动的视觉效果，给人一种质朴而浪漫的情调。时至今日，人们出于简化和考虑经济的因素，也渐渐采用悬山式屋檐，歇山式仅保留其象征性造型。如果说眼睛是心灵的窗户，那么彭家寨的门窗就是那一栋栋吊脚楼顾盼生情的眼睛，像寨前的龙潭河一样明净而清澈，展示着土家族匠师的精美工艺，如错落有致的吊脚楼一般深邃而富于变化，告诉世人土家族的审美观念及价值取向。

三、结构与构造

鄂西盛产木材，彭家寨古称木场坪，土家语即"林木茂盛"之地。满山遍野的杉树、松木成为得天独厚的建材来源，加上木材易于加工和改建，杉树、松木广泛用作建筑的结构构件和围护材料。就地取材、因材致用也是彭家寨人营建房屋的一个基本建构原则，吊脚楼以木构架作为房屋的承重结构，由柱、梁、枋、檩组成骨架，为了适应山地地形，底层架空的柱梁式结构运用穿枋法连接在一起。

恩施彭家寨的吊脚整体搁在下吊的角柱上，使底部凌空，在欹子周围有些不落地的檐柱，其重量由落地檐柱的纤子和边柱间的枋出挑支撑，围欹子的纤子上铺上木板，形成了二层吊楼的回廊，回廊的尽头有短柱悬空，作为回廊栏杆的支撑。其下层的穿枋，伸出檐柱之外成为挑枋，在上面架檩可以承载来自屋檐的重量，由于吊脚楼檐口出挑较大，挑枋一般多为两层，上挑较小，下挑较大，承载着屋檐的主要重量。

彭家寨吊脚楼采用穿斗式木构架结构，将木柱直接落在柱础上，柱上有梁、枋、桁、椽等木构件，它们之间以榫头卯眼互相穿插衔接，承受楼板及屋顶的重荷。当地土家人习惯将落地的支撑结构称为"柱"，柱与柱之间没有落地的支撑结构称为"骑"，构架在纵向以穿枋相连，横向以檩条、楼板、大斗枋、落檐枋及灯笼枋等保持结构的稳定性，柱子下部以木地脚枋连接，防止柱子移动，柱间装有木壁板或轻质隔墙。为遮阴避雨，房屋挑檐较深，均用挑枋出挑，有的进行封檐处理，常见的是单挑、双挑和三挑，挑枋出挑依出檐深度、挑枋用材大小及屋檐至楼层在立面上的高差决定出挑层数。

四、材料与装饰

鄂西吊脚楼屋顶采用黏土烧制的乡土青瓦作为屋顶的材料，屋顶覆盖小青瓦和黑瓦是传统建筑文化的特征，从青瓦的取材、制作、修复来说，都表达了中国传统文化观念，体现了实用主义的思想，青瓦材料工艺流程简单，就地烧制，运输方便，不受地域环境影响。鄂西小青瓦使用灵活，可通过不同的组织结构方式，经雕刻把翘角做成凤尾形、卷叶花纹等，将吊脚楼外观展翅高飞、腾空欲奔的乡土形象发挥得淋漓尽致（图5-8）。

彭家寨吊脚楼的窗户讲求采光通风的实用功用，门窗的木雕雕工算不上细腻，但造型生动，层次丰富，线条流畅，疏密适中，在对称的格局上寻找局部的变化。吊脚楼的门窗被土家族匠师赋予很多文化内涵，安装于门上、板壁上的窗户花样有"王字格""步步紧""万字格""寿字格"等。窗花是体现土家族匠师技艺和情趣的又一绝佳之处，棂格之间的搭接呈平纹、斜纹、水裂纹或井字形图案，每种窗花样式都有相关的寓意，有的甚至做成多种花样和小动物图案，浅线施纹、精细流畅、栩栩如生，寄托着土家人对幸福生活的美好祝愿（图5-9）。

图5-8　鄂西吊脚楼细部材料装饰（自绘）

图5-9　细部装饰（自作）

第六章

鄂西吊脚楼特色村寨

2011年3月10日，湖北恩施土家族苗族自治州命名了首批少数民族特色村寨，其中包括宣恩县沙道沟镇彭家寨、来凤县百福司镇舍米湖、建始县高坪镇石垭子老街、宣恩县椒园镇庆阳古街、恩施市盛家坝乡小溪村等。

第一节　彭家寨楼群绝唱

一、人杰地灵天造化

宣恩县彭家寨流传着一首古老而动听的歌谣："观音座莲金字塔，怀藏四龙装待发，十八罗汉二面站，人杰地灵天造化"，为古老的彭家寨披上了神秘的面纱。观音山地形奇特，山川秀美，彭家寨位于观音山下，寨前龙潭河穿村而过，河上架有40余米长的铁索桥将寨子与外界相连，寨后山峦起伏、奇峰秀美、修竹婆娑、林木葱郁。寨前寨后绿草如茵、群芳争妍、田园阡陌、稻浪起伏，不时传来民俗小调农耕山歌，清风送爽空谷传响，一派田园风情，人世仙居极富韵味（图6-1）。

彭家寨是武陵山区土家聚落的典型选址，以其完美而集中的吊脚楼群而享誉中外。这里吊脚楼民居建筑的装饰风格与其他地区的民居建筑不同，它以独特的建筑规模、形式、空间、功能和装饰以及文化内涵构成了自己的存在价值和特色。彭家寨吊脚楼主要采用干栏式建筑技艺，这种古老的居住形式，不仅保留了

图6-1　宣恩县彭家寨（自摄）

少数民族的风貌，同时也有汉文化的底蕴，虽历经发展与演变却不曾消失，保持着强大的生命力。作为一种世代相传的传统建筑形制，吊脚楼尽管与现代生活方式之间存在着矛盾，但其从结合地形、节约用地、适应气候条件、节约能源、运用地方材料以及注重环境生态等各方面都体现出与自然的和谐共生。

村寨建筑群与自然环境浑然一体，高度和谐，寨中没有明显的主干道，支路多就山势盘曲而上，随地形自如伸展，远远看去整个村寨好似一幅高低起伏、形如流水的画卷。依山就势而建的吊脚楼错落有致，充分利用山地空间，很少开山辟地改变原始自然地形。吊脚楼建筑的空间组合布局或群居或独处，依山顺势向上按等高线分台而筑、曲折而建，整体布局没有中轴线，不讲究对称但错落有致。吊脚楼的组合方式较灵活、自由，有错层、退层等形式，建在山坡向阳处，一层叠一层鳞次栉比，顺乎自然不拘一格。学者们认为，吊脚楼建筑个体造型与群体空间组织，与山地空间环境形成了一种"道法自然"的生态平衡。

二、巴楚文化活化石

彭家寨演变历程遵循天地和谐的观念，土家人的吊脚楼在建筑选址上讲究"天人合一"，凡宅须左有流水、右有长道、前有污池、后有丘陵。土家人建造吊脚楼的仪式非常讲究，认为村落选址是在观宇宙天象，择基地是在选五行地象，上梁唱赞歌、说封赠话则是在尽数人象、祝愿命象。在土家族建筑文化中，自然不是一个独立于人之外的认识客体，人是宇宙自然的有机成分。

寨中建筑依自然地势和地形选址，完整地保留了形成于清朝末期的土家族吊脚楼、凉亭桥等传统干栏式建筑群，现存的48栋干栏样式的吊脚楼，仍然散发着颇具魅力的传统建筑气息。有着巴楚文化"活化石"之称的彭家寨吊脚楼群，其最基本的特点是正屋建在实地上，厢房除一边靠在实地和正房相连，其余三边皆悬空，靠柱子支撑。吊脚楼有很多好处，高悬地面既通风干燥，又能防毒蛇、野兽，楼板下还可放杂物。吊脚楼还有鲜明的民族特色，优雅的"丝檐"和宽绰的"走栏"使吊脚楼自成一格，这类吊脚楼比"栏杆"较成功地摆脱了原始性，具有较高的文化层次，因此被称为巴楚文化的"活化石"（图6-2）。

吊脚楼体现了巴楚居住文化，主房（堂屋）为核心，以"左"为大，居住次序反映了土家族家庭内部的伦理观念，再现了父慈子孝、长幼有序的美德。在表现吊脚楼的居室和人伦的关系上，建造和使用时采取两种原则：一是以睡处为家

图6-2 恩施土家族风貌（图片来源：http://cs.qhlly.com/news/show.aspx）

庭最为内聚的地方；二是以正房为公共空间，被用来远接神祖、近待友朋。居室的这两个建筑原则，虽然是观念，但带有强制性，它通常都起着维护家庭繁衍和家族社会利益的作用。

三、空中楼阁诗画境

吊脚楼作为一种独特的建筑，自然有其鲜明的艺术特色，讲究的彭家寨人家还特别注重石级盘绕、雕梁画栋，楼檐翘角上翻如展翼欲飞，大有空中楼阁的诗画之意境。飞檐翘角之下三面环廊，"吊"着几根八菱形、四方形刻有绣球或金瓜的悬柱，壁板漆得光亮光亮的，并嵌有花窗，通风向阳。框架全系榫卯衔接，一栋房子需要的柱子、屋梁、穿枋等有上千个榫眼，土家掌墨师不用图纸，仅凭着墨斗、斧头、凿子、锯子和各种成竹在胸的方案，便能使柱柱相连、枋枋相接、梁梁相扣，使一栋栋三层木楼巍然屹立于斜坡陡坎上，足见土家族吊脚楼营造的技术和工艺水平。

彭家寨吊脚楼群规模大，处于不间断沿用中，具有丰富的民风民俗，有着鲜活的生活气息，被誉为"吊脚楼群的典藏，武陵土家的绝唱"，其具有很高的建筑美学价值、历史保护价值和科学研究价值，其独具特色的建筑外形更值得深入探讨和挖掘（图6-3）。中国古建筑专家、华中科技大学教授张良皋先生，在考察恩施州古建筑后撰文："要挑选湖北

图6-3 彭家寨吊脚楼（自摄）

省吊脚楼群的'头号种子选手'，准定该宣恩彭家寨出马"，并以歌咏赞叹："未了武陵今世缘，贫年策杖觅桃源，人间幸有彭家寨，楼阁峥嵘住地仙。"

彭家寨吊脚楼独特的平面与空间组合及内部结构具有超越视觉的艺术价值，既有典雅灵秀之神，又有挺拔健劲之美。就吊脚楼本身而言，建筑体量较大，但因其底部架空部分与上部实体建筑之间的比例较小，故显得轻巧。吊脚楼下部架空成虚，上部围成实体，形成虚实结合、刚柔相济的建筑形式。空间紧凑，开合随意，分割自然，布局灵活，在"道法自然"中变化万千，形成多样化风格，彰显出和谐统一的艺术效果，既表现了一般建筑所具备的审美秉性，又展现出吊脚楼独特的民族审美品格。

第二节　舍米湖神奇舞堂

位于来凤县百福司镇河东乡土家山寨的舍米湖村，是一个原汁原味的土家村落，全村170户600多人都是土家族，其中百分之九十以上的人姓彭，是唐末年间迁居此地的彭姓先祖彭相龙的后裔，村里人世代事农，民风淳朴，好摆手舞，这里是土家族摆手舞的发源地之一。

一、阳光照耀小山坡

舍米湖是土家语，"舍"是富足的意思，"米"即"墨"，是天的意思，"湖"是地方，舍米湖土家语意为天然富足之地。舍米湖除"天然富足之地"之意外，还被译为"阳光照耀的小山坡"，由于村庄坐落在酉水河南岸一个平缓的山坡上，层层梯田迎来晨间的第一缕阳光，在油菜花盛开的春天，或是稻子成熟的金秋，向村寨远眺村庄全景，正是一派祥和的天然富足之地（图6-4）。

在保存完好的具有民族特色的自然村落，吊脚楼村前寨后为层层梯田，梯田环绕的山坡上，吊脚楼古色古香，村中古树葱茏，尤多名贵金丝楠木（图6-5）。

二、土家族摆手之乡

舍米湖村现存完好的民俗建筑古摆手堂，是酉水流域土家族古老的祭祀场

图6-4 舍米湖层层梯田景观（图片来源：http://blog.sina.com.cn/s/bloggeaz.html）

图6-5 舍米湖古树葱茏（自摄）

所。摆手堂是土家族祭祀祖先和庆祝丰收的集会场所，来凤县现存摆手堂3处，最大最完整的是舍米湖摆手堂，也是中国现存最早的摆手堂之一，为武陵地区渝东、湘西、鄂西土家族摆手舞的发祥地，因而舍米湖村被誉为"摆手之乡""神州第一摆手堂"。

舍米湖村北面山坡上古摆手堂俗称"神堂"，占地500余平方米，周围圈以山石砌筑的院墙，大门位于院墙前方正中，略作牌坊状，两立柱和横楣皆为长柱形条石，左右各镶半月形石牙一块，夹植高大古柏五株，利于跳摆手舞悬挂红灯。神堂正檐的"摆手堂"三字庄重圆润。每逢节庆，堂内均举行祭祀活动，然后人们欢跳被称为"东方迪斯科"的摆手舞（图6-6）。土家族摆手舞的流传地域十分

图6-6　舍米湖古摆手堂（自摄）

宽广，《永顺府志》《永顺县志》《龙山县志》《来凤县志》等清代志书中对摆手堂均有详细的记载。

　　而今每年新春佳节，舍米湖土家族男女老幼都身穿节日盛装聚集摆手堂前，在梯玛或掌坛师的引导下，"男女相携，翩跹进退"，跳起缠绵的舞，唱起欢快的摆手歌。

三、巴楚汉多元文化

　　土家族村落舍米湖村是民族多元文化长久浸润的写实，舍米湖的村落古建筑以吊脚楼与摆手堂为代表，体现了酉水流域鲜明的土家族文化与审美意境，但其建筑风格溯源，亦融入巴文化、楚文化及汉文化等多元审美文化的影响。因此，吊脚楼木房与摆手堂成为酉水流域土家族展现独特文化的古建筑，也为后人留下了考察土家族村落的实史资料。

　　过去，村子里有几处四合院，两个大寨都有围墙，每个寨子就是一个独立的社会单元。20世纪80年代后，寨子的围墙被撤除，破坏了村落原有的体系，但是房屋的用途和结构没有发生变化，房屋多为一字三开间，中间是堂屋，供祖先神位，是家里办大事的场所；堂屋两边是伙房和厨房，其中一边的前半部分是伙房，设有火坑，是煮饭、取暖、聚会的地方；伙房后面是卧室，堂屋上面没有天楼，伙房和卧室上都有天楼，伙房上面的天楼用条木或竹子铺成，用于炕桐、茶、玉米等物；卧室上面用榫卯衔接的木板铺成，用于放粮食，较为富裕的人家都修厢房形成吊脚楼。

　　整个村子140多户人家完全是木房，有三分之一的人家建有吊脚楼，吊脚楼院坝房被四周郁郁葱葱的树林、竹林天然屏障环绕，与世隔绝的吊脚楼怡然自得、幽静闲适。院坝多由青石板铺成，每户之间的道路也是石板铺成，给人山林自然之感。吊脚楼木房中陈列的生产工具和生活用具多是传统的木制和竹制品，如生产工具中的犁铧、搭斗、莲盖、挖锄、背箩、箩筐、背篓，生活用具中的石磨、木盆、木缸、木桶、柜子、蓑衣、斗笠等，这些传统的农具和生活用品具有浓郁的山地自然气息，承载了外出游子们的绵绵乡愁情结。

第三节　石垭子移民老街

石垭子老街位于鄂西建始县高坪镇石垭子村，位于山垭间，四周布满石灰岩。现存的老街建筑建于清末民国初，用青石板铺成的老街被路人的脚板、骡马的蹄爪打磨得乌光锃亮、坑洼密布，向人们诉说着老街的沧桑岁月。老街在历史上曾辉煌一时，是古道文化、土家文化与移民文化的活化石，有很大的保护意义和研究价值（图6-7）。

石垭子老街是移民文化荟萃之地，建筑风格融汇土家文化与移民文化特色。据说在清咸丰年间第一次"川盐济楚"时，移民们的经商繁华了施宜古道上的石

图6-7　石垭子石板老街（自摄）

垭子。发迹后的姚家建房屋于沙子坝，谭家则建房屋于街后。老街现存古建筑除以谭家老屋为代表的本地穿斗式木结构建筑外，数量最多的还有以袁家大院为代表的徽派建筑，以及以姚家大院为代表的闽南民居建筑。

一、谭家老屋土家楼

据说在清咸丰年间，谭家老屋先祖从浙江迁来此地，看中了石垭子的风水，决定在此定居。以谭家老屋为代表的本地穿斗式木结构建筑也是石垭子的主要建筑风格，现保存完好的单体建筑中，主要是木质结构的穿斗式建筑，栋与栋之间用石墙隔开，大部分房子有两柱落地，柱下有柱础。由于石垭子是个盛产石材的地方，很多建筑应用了本地的石材，柱下石柱础造型讲究、雕饰精美。

现保留比较完整的谭家老屋，两株二人合抱的古柏立于庭前，沿宽阔的石阶拾级而上便是门楼，门楼两旁有精雕细刻的石鼓。再穿廊而过才是正屋，正屋大门有"文章华国"的匾额，第一道堂屋、厢房之后，便是亭，亭两边是天井、石鱼缸、假山，再进去，又是天井、厢房。最后才是正堂屋，正中列有祖宗牌位，两间堂屋的大柱上均有竖匾，堂屋两侧置有精雕细刻的宽大木凳，称琴凳，室内陈设古朴典雅，有许多名人字画，老屋那时就已有钢丝床、南京钟、八仙桌等，老屋还设有后花园。

二、袁姚老屋移民院

老街除穿斗式木结构建筑外，数量最多的是徽派建筑。袁家大院如今虽然已经断壁残垣，但现存的五花式封火墙足见当时建筑之高规格。袁家是在第一次"川盐济楚"时从荆州迁到石垭子的移民，他们在石垭子因经营盐而创造了丰厚的财富，因此修建了这样的徽派院落。

姚家也是第一次"川盐济楚"时的福建移民，大院保持闽南民居的特有风格。姚家大院建筑外观有两个主要特点：一是四面基本无挑檐，挑檐外出离墙体不过10厘米，下雨时墙体靠地面的二分之一部分完全淋在雨中。二是墙体在用材上很讲究，墙体的下半部分取用江河中的鹅卵石，上半部分用火砖砌成，很明显，房子主人考虑墙体下半部分用鹅卵石，就是为了解决雨水冲刷的问题。石垭子本地不产鹅卵石，建造者在选材上舍近求远，显然不习惯用石垭子本地的片状石材。

在修建外墙时，为了增加墙体中泥浆的黏性，泥浆中还大量掺进棉花纤维，这些建筑技术在恩施地区罕见。

三、川盐济楚石板街

古韵质朴的石垭子石板老街，老街长213米，宽52米，两排房子之间是一条宽6米的街道，满铺青石板的街巷上行人足迹、骡马蹄痕明晰可见，尽显古老沧桑。石垭子老街的沧桑和两条古道息息相关，一是施宜古道，一是巴盐古道。我国历史上发生过两次"川盐济楚"。石垭子位于建始通往宜昌等地的咽喉要道，当时是"川盐入楚"古道上的驿站，这条小街曾是施宜古道、巴盐古道交汇点上最为繁华整洁的街道之一。

时至今日，老街上仍住着百余户农家，能照出人影的青石板台阶完好无损，清一色两层的红油漆木板房屋多是土家族吊脚楼，画龙雕凤的窗台保存十分完好，老街上的古老建筑保留下来，建筑格局与建筑风貌保存完好。

第四节　庆阳古商贸街

鄂西宣恩县庆阳古街始建于清乾隆年间，是清朝、民国时期湘、鄂、川、黔四省的边贸中心。清朝时期，庆阳坝由于地处湘鄂西入川陆路交通要冲，入川购食盐，入境销棉花和棉纱，均在庆阳坝交易，使庆阳坝成为湘西、鄂西"（食）盐（棉）花大道"第一隘口，并成为清至民国时期湘、鄂、川、黔四省的边贸中心集市，展示着"土家商贸活化石"的独特魅力。

一、三街十二巷古街

庆阳古街枕山面屏，鳞鳞青砖粉墙黛瓦之间，藏着弯弯曲曲的古街，古街道长约561，宽约21米，由青石板铺就爬满了青苔，既苍老又清润，两百多年风雨让古街洗尽铅华，演绎着土家人的生活。

古街建筑属于木质结构凉亭式，老街沿山溪老寨溪南侧分布，系木构凉亭式，街道呈西北东南走向。庆阳古街现保存完整的房屋有65栋，楼高二至三层不等。主街在中段岔行一分为二，形成"三街十二巷"格局，临街为燕子楼，背水为吊脚楼和侗族凉亭构架于一体，是恩施少数民族建筑智慧的结晶（图6-8）。

图6-8　俯瞰庆阳坝古街风貌
（图片来源：http://blog.sina.com.cn/s/blog）

爬上临街的燕子楼俯瞰，黑色小青瓦坡屋顶覆盖之下的整条古民街一览无余，夕阳斜洒在这一排排安静但宏伟的老瓦屋上。街道5米进深是道，过道两旁是屋，道即是市，屋即是店，两屋之间有穿斗式木檩相连，上盖青瓦，间有栅栏，终年日晒不着雨淋不着，风则飘然而过，俨然已经具备了现代大型建筑的空间和物理功能。

古街上各种附属建筑十分丰富，可用于居住、商铺、旅馆等，主街北面房屋后紧挨一条小溪，临水面有吊脚楼，并建有一凉亭，"凉亭街"因此而得名。庆阳街道中间，一座侗族建筑风格的木架凉亭桥出现在眼前，该桥横跨在一条约3米多宽的小河上，河水环绕着整条街的外围静静地流淌，河岸上典型的土家族建筑——吊脚楼群映入眼帘，那笔挺的"四梁八柱"撑起了半条庆阳街。一些宽窄不等的小巷子总共有十多条，把三条主街道连在了一起。

二、土家遗风赶场

"二五八赶场——看人"是在庆阳坝流传的一句谚语，每逢农历二、五、八赶场，千余人在街市内从事竹编、山货、铁石器、理发等经营。庆阳坝创造了具有代表性的土家陆路商业文化，每逢赶场日，古街街道上都热闹非凡。土家族男女老少穿着漂亮的西兰卡普，背着背篓，到处都是吆喝声、叫卖声，历史上这里一度商贾云集、人来人往，至今延续土家族逢场赶集遗风（图6-9）。

张良皋教授2007年赴鄂西调研时称：庆阳凉亭老街是我国现存最完整的古

图6-9 庆阳古街集市街巷（图片来源：https://mp.weixin.qq.com/s；http://www.sohu.com）

代遗风土家街市，保持着民族生活的原真性，具有重要的历史文化价值。庆阳凉亭街齐集三十六行，以土家族、苗族、侗族为主体的凉亭街街民，有传统手工业者、民间医药世家的传人、南戏演员、官宦之家和商贾旺族。木街古镇几排木房子相连，中间自然形成的通道集市，晴天不会晒太阳，雨天也无需打雨伞。

老街的建筑与街巷空间互融，集市街巷忽而明亮，忽而没入过街楼，依稀还能闻得到雨后青苔泥土混杂的清香，两旁木质结构的老屋基本保存完好，屋面和梁柱处处都镌刻着悠久的历史。

第五节　小溪村农耕文明

恩施市西南陲盛家坝乡小溪村自然资源丰富，文化底蕴深厚，素有"原始古村落、现代桃花源"之美誉，土家族、侗族特色的自然古村落中保存着恩施州少有的吊脚楼群，历经明代改田造地、清代拓垦耕地发展形成了小流域的农耕文明（图6-10）。

图6-10　小溪古村寨（自摄）

一、农耕文明的见证

小溪村吊脚楼群是恩施少数民族地区古代农耕文明的历史见证，也是土家族、苗族、侗族等南方少数民族干栏式建筑相互融会又恪守传统的建筑活化石。这里古建筑群保存完好，以干栏式吊脚楼为主，寨中建鼓楼，溪上架风雨桥（图6-11），房前屋后栽竹种树，是

图6-11 小溪古村寨廊桥（自摄）

"盛家坝古村寨生态走廊"核心区域，既有巴蜀盐道的文化遗存，又有古朴典雅的太古遗风。由于生活环境、生活方式、语言方式和宗教信仰的影响，小溪的土家古村落形成了自己特有的风格传统，在选址规划、组合布局、外观形制、细部装饰等方面都与其他地域的民居不同，具有自己独特的风貌风格。

小溪是一个大聚居、小散居，土家族、侗寨特色鲜明的古村落，以小溪河为轴线依山临水。吊脚楼群布局：首先是集中居住，秩序分明，其次是整体协调统一，再次是单体吊脚楼建筑自成独立空间。

小溪河吊脚楼群建筑优美、风景怡人、环境清雅、文化古朴，在自然风光的映衬下呈现出一幅古朴、幽静、和谐的原始农耕文明图景。小溪建筑群是原生态的农业生产生活区，宁静的田园风光、精耕细作的农人、绿水青山之间人文与自然环境和谐共存，完善的道路引排水设置和必备的公共空间，以及比较齐全的工匠作坊，展示出民族区域里的农耕文化特色（图6-12）。

图6-12 小溪古村农耕文明（自摄）

二、最具规模的民居群落

小溪村胡家大院古村落，是目前恩施市发现的保存最好的最具规模的民居古建筑群落。小溪胡家大院建筑群落就处于小溪河的两岸，在高山深处形成难得的串珠状平坝，这里是高山深谷中难得一见的串珠状的坪坝，由上坝、中坝、下坝三个大院落以及河沙坝、梁子上、下河、茶园堡、三丘田等三五户小院组成，每隔一两里，就有一个大院子掩映在竹、木林中，如串珠相连、星星点缀。

胡家大院由上坝、中坝、下坝三个大院落吊脚楼群和多个小院吊脚楼组成。吊脚楼建筑有双吊、单吊、"一"字形、撮箕口、亮柱子等多种样式。典型的数中坝大院子吊脚楼，大院子原有三进，现有朝门和堂屋，堂屋供整个大院公共使用，朝门是现存最早的建筑，大门口的石级阶梯、石条门槛保存完整，建筑风格为"八"字形，挑檐有斗拱，各有一对雕饰的木鱼和凤凰衬托着前伸的挑枋，以承接瓦檐。院内右侧有一栋四间特色鲜明的转角吊脚楼，楼上还保存有一间"火铺"，火塘、壁柜、住房等布局完整（图6-13）。

中坝胡家大院又叫小溪朝门或落脚朝门，朝门前十多米的下方有废弃的水碾，人们曾经从小溪上游数百米处拦河引水下来，靠水的动力在这里榨油。吊脚楼细部装饰艺术价值明显，这些雕刻和结构布局使古民居获得优美的造型，精巧的制作工艺和色彩的运用使古民居的艺术价值得到充分体现。

图6-13　胡家大院吊脚楼群（图片来源：http://360.mafengwo.cn/travels/info）

第七章

吊脚楼保护性再生设计

2013年农业部办公厅发布的《关于开展"美丽乡村"创建活动的意见》指出，"美丽乡村"是"美丽中国"不可或缺的重要组成部分，美丽乡村建设思想，要求在以优良的生态环境为依托的农村，重新凝聚起新时代农民守护宜居乡村生活的愿望，以耕读文化传家的农村实现文明的更新，积极融入现代化的进程，建设承载"乡愁"的现实版家园，城市让生活更美好，而农村也会引发城市人的向往。各地迅速展开相应美丽乡村建设规划编制工作，其中统筹考虑乡村布局、地形走势、山河水系、历史文化、产业发展、乡村旅游等因素，要求美丽乡村建设工作要确保符合实际、顺应民意、彰显特色。

第一节　项目背景分析

　　天雨村位于湖北省恩施市西北部，与恩施市有直达公路，车程半小时，交通便捷，项目周边有恩施大峡谷、梭布垭风景区、龙鳞宫景区，容易形成景区聚集，产生景区规模效应，有利于场地迅速积累人气。恩施客源以湖北、重庆、湖南三大邻近省市人员为主，并有向外辐射的趋势，客源极具开发潜力。客源构成以20世纪60、70年代的人群为主，该类人群极具消费能力。

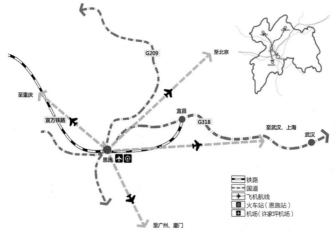

恩施市天雨村

湖北武陵山区

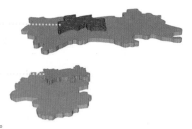

　　该项目位于我国湖北、湖南、贵州、重庆交界的武陵地区。
与周围景区，如恩施大峡谷、龙鳞宫等相连接，自然环境优美。
　　该项目设计区域中存留一个土家族聚落，依山傍水，地理位
置优越。其中建筑多为吊脚楼，采用穿斗式结构依山而建，具有
独特的民族文化。

气候特征：

　　恩施土家族、苗族自治州属季风性山地气候，
夏无酷暑，冬少严寒，雾多，雨量充沛。
　　由于地形复杂，海拔高差悬殊。民间素有"低
山称谷，高山围炉""十里不同天，百里不同俗"的
谚语。

周边环境：

　　该项目坐拥水流与山川，小岛一水流一山体，形成
了高一低一高的自然地形条件；位置处于水面宽处，水
流相对平缓，整体中间低、四周高。气候温暖湿润，雨
量充沛，三面环山，青溪穿村，自然生态环境优越。

民俗建筑： 鄂西土家族特有的转角吊脚楼是一种全木结构的干栏建筑，为土家族的主要建筑形式。因前有阳台、两边有
走廊，互成转角之势，故名转角吊脚楼。吊脚楼集建筑、绘画、雕刻艺术于一体，是土家族建筑雕刻艺术的杰出代表。

文化活动： 土家族有丰富的民俗活动，如祭祖、打糍粑、"十个棚"集会……其中最典型的祭祀性舞蹈是毛古斯和欢庆
活动舞蹈摆手舞。

宗教习俗： 主要信奉道教。有哭嫁笑娶的婚嫁习俗以及特殊的丧葬文化。

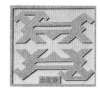

土家族 非物质文化遗产

建房礼仪

木雕工艺

传统服饰制作工艺

编织

银饰制作工艺

核桃雕刻工艺

砍伐礼仪

抬轿报靠

印染工艺

纺织工艺

竹编

上梁礼仪

吊脚楼

摆手堂

摆手舞

灯戏

风雨桥

建筑现状特色分析

天雨村建筑大多根据地势而建，邻水而不靠水，建筑以木结构为主，现状土家古村落风貌保存良好，可延续原有肌理，保存原有空间结构。

天雨村现有可利用与开发的资源有传统民俗文化，如织绣、摆手舞等，以及传统建筑风貌和原始的空间聚落结构。

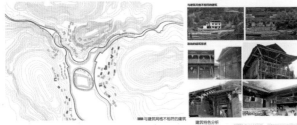

建筑特色分析

天雨村布局以及建筑构造
天雨村建筑格局大多数依山而建，多为木结构，主要房屋以单吊为主，多沿水但距离水有一段距离建造

依山而建　　木结构　　构造结构

天雨村建筑细节
吊脚楼建筑以木质结构为主，屋顶盖青灰色洞瓦，房屋立柱及板壁多采用杉木，并有上翘的飞檐，雕花石墩、门窗等加以装饰

向上微翘的飞檐　　雕花石墩　　雕花门窗　　青瓦

产业与生活的互动发展

古村落的再进化

第二节　设计理念

延续传统肌理
营造活力空间

为解决村落失去活力、传统文化逐渐凋败的问题，延续传统肌理、营造活力空间是十分有必要的。以现状天雨村民居肌理形成"院—街—巷—市"空间结构为基本形态，在沿袭传统空间肌理和空间尺度上，融入休闲度假的空间特色，保持现状空间结构，强调公共空间活力，保护传统文化符号。

流动与开放　　　　　　　　高密与特色　　　　　　　　活力与自由

吃—立足地方特色：天雨村传统家宴、特色吃食

购—当地民俗特色产品，文创纪念产品

住—土家传统建筑改扩建的特色民宿

体—土家民俗体验馆，农耕文化体验馆

游—自然生态与康养结合的方式，多方位提升用户体验

学—康养知识学习中心，花艺、禅茶等相关培训

娱—民俗等活动增进景区文娱性

研—以建筑文化、民俗、饮食文化等为一体的研究中心

为满足消费者的商业需求，在恩施"十二五"旅游规划的指导下，注入多元商业组合，既满足消费者需求，又为当地居民提供就业岗位。

**统一整合资源
分批进行开发**　　跳出单纯的观光旅游发展思路，采用跃升式发展和融合发展，将生态农业、休闲农业与健康养老有机结合，将前一阶段作为后一阶段的重要发展铺垫，将后一阶段作为前一阶段产业升级的方向，减轻连续投入压力，培育稳定的收入基础，形成健全完整的产业体系。

产业板块	生态农业产业	＋	休闲农业与乡村旅游产业	＋	养老与健康产业
发展阶段	产业与景观培育	⇨	人气与消费聚集	⇨	深度产品开发

天雨流芳 · 柔软时光　　打造极致休闲的生活方式

目标定位

恩施市新型文化旅游开创者
武陵山区文化旅游创新品牌
全国康养产业试验基地

功能定位

以天雨村土家民居为人文基底，以土家族传统文化为依托
以抽离原有生活状态，体验时光为亮点
打造集文化观光、民宿体验、文化休闲与创意、康养运动为一体的
恩施新型文化旅游观光胜地

建筑风格

东西朝向，选址考究　　　　半干栏结构，特色鲜明　　　　木墙青瓦，选材单纯

建筑细节

屋脊莲花装饰　　　　飞檐鳌鱼装饰　　　　屋梁　　　　雕花石墩

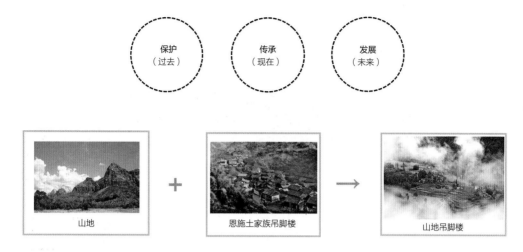

保护　　　　　传承　　　　　发展
（过去）　　　 （现在）　　　 （未来）

山地　　　　+　　　恩施土家族吊脚楼　　→　　　山地吊脚楼

设计主题——土家乡韵，田园山居

　　设计延续原有山形水系的空间格局，与恩施土家族风格建筑有机融合，体现土家族文化的精神内涵。通过地形梳理、叠山理水、场地营造、植物造景、设置小品，打造错落有致、疏密有序、独具湖北武陵地区特征的山地园林，达到传统与现代、人文与自然的融合。

第三节　村落规划艺术

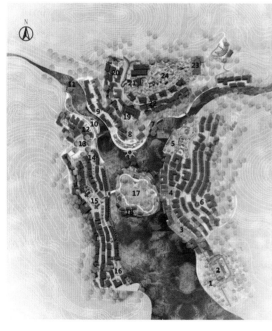

1. 主入口	13. 摆手堂
2. 游客服务中心	14. 商业民宿入口广场
3. 农耕文化展示广场	15. 斗牛广场
4. 鼓楼	16. 渔人码头
5. 农耕体验绿地公园	17. 阳光草坪
6. 庆典广场	18. 树屋
7. 农耕文化博物馆	19. 牛王集广场
8. 民俗文化博物馆	20. 象茗书院
9. 民俗商业中心广场	21. 温泉民宿服务中心
10. 花灯广场	22. 特色民宿
11. 古风雨桥	23. 综合服务会所
12. 民俗服务中心广场	24. 温泉

总平面图

区位与历史

　　民俗体验区，位于整个规划区域的西北部，北接"原始村落区"，南接"商业民宿区"，东与"农耕体验区"相邻，东南与"生态旅游岛"隔水相望。是景区的重点规划区域。

　　过去，此区域沿河道和山体分布着错落有致的吊脚楼民居、私家庄园以及公共建筑——摆手堂。由于独特的地理环境和显著的地理位置，这里历来是各种文化的汇聚地，文化积淀非常丰厚，保留了许多文化的原生态形式。如茅古斯、傩文化、撒尔嗬、摆手舞都是土家先民留下的宝贵的文化遗产，对我们认识早期人类的生活和社会面貌都具有活化石般的价值。

　　目前，在全球化和现代化的冲击下，土家族非物质文化遗产在无声无息中消失，其形势极为严峻。

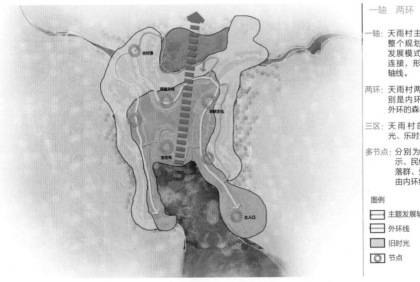

一轴　两环　三区　多节点

一轴：天雨村主题发展轴，贯穿整个规划区，将天雨村的发展模式与整体景观紧密连接，形成规划区内重要轴线。

两环：天雨村两条主要流线，分别是内环主要景观动线和外环的森林康养运动线。

三区：天雨村的慢时光、旧时光、乐时光这三大主题。

多节点：分别为入口农耕文化展示、民俗文化展示、古村落群、生态岛等多节点，由内环线串联。

图例

▱ 主题发展轴　　▱ 内环线
▱ 外环线　　　　▰ 慢时光
▱ 旧时光　　　　▰ 乐时光
◉ 节点

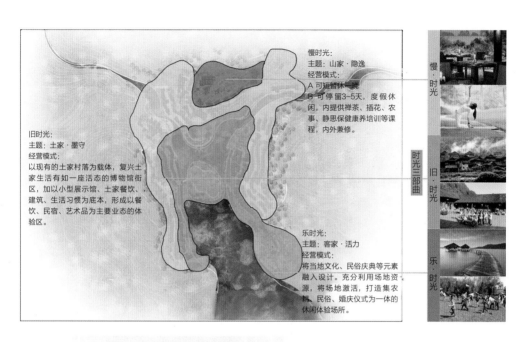

慢时光：
主题：山家·隐逸
经营模式：
A 可短暂休一晚
B 可停留3~5天，度假休闲，内提供禅茶、插花、农事、静思保健康养培训等课程，内外兼修。

旧时光：
主题：土家·墨守
经营模式：
以现有的土家村落为载体，复兴土家生活有如一座活态的博物馆街区，加以小型展示馆、土家餐饮、建筑、生活习惯为底本，形成以餐饮、民宿、艺术品为主要业态的体验区。

乐时光：
主题：客家·活力
经营模式：
将当地文化、民俗庆典等元素融入设计。充分利用场地资源，将场地激活，打造集农耕、民俗、婚庆仪式为一体的休闲体验场所。

时光三部曲
慢时光
旧时光
乐·时光

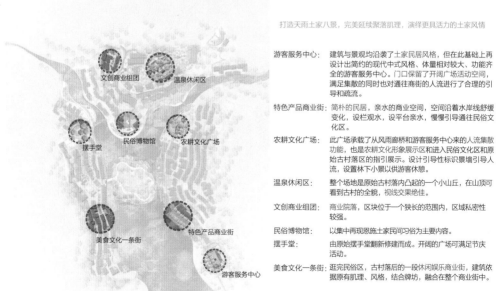

打造天雨土家八景，完美延续聚落肌理，演绎更具活力的土家风情

游客服务中心： 建筑与景观均沿袭了土家民居风格，但在此基础上再设计出简约的现代中式风格、体量相对较大、功能齐全的游客服务中心。门口保留了开阔广场活动空间，满足集散的同时也对通往商街的人流进行了合理的引导和疏流。

特色产品商业街： 简朴的民居，亲水的商业空间，空间沿着水岸线舒缓变化，设栏观水，设平台亲水，慢慢引导通往民俗文化区。

农耕文化广场： 此广场承载了从风雨廊桥和游客服务中心来的人流集散功能，也是农耕文化形象展示区和进入民俗区和原始古村落的指引展示。设计引导性标识景墙引导人流，设置林下小景以供游客休憩。

温泉休闲区： 整个场地是原始古村落内凸起的一个小山丘，在山顶可看到古村的全貌，视线交界绝佳。

文创商业组团： 商业院落，区块位于一个狭长的范围内，区域私密性较强。

民俗博物馆： 以集中再现恩施土家民间习俗为主要内容。

摆手堂： 由原始摆手堂翻新修建而成。开阔的广场可满足节庆活动。

美食文化一条街： 逛完民俗区，古村落后的一段休闲娱乐商业街，建筑依据原有肌理、风格，结合牌坊，融合在整个商业街中。

一、规划分区

（一）民俗体验区

民俗体验区总平面图

鸟瞰图

博物馆区：现代化设计的博物馆，与传统建筑形成对比，突出"茹古涵今"的主题，带游客博览历史，通晓古今

古商业街区：向游客展示土家族传统商品及工艺流程，形成互动型的商业街

共享庄园活动区：修缮完成的地主庄园，每日定期举行传统手工艺教学活动，游客参与手工品制作，与民俗文化互动

摆手堂活动区：修缮完成的摆手堂，让游客领略如摆手舞、茅古斯等当地生活中的风俗习惯

滨水景区：滨水景区分为浅滩区、滨水广场、临水草坪区和花灯广场区和风雨桥区。让游客感受不同角度的水景

四大景观区块和丰富的滨水景观带

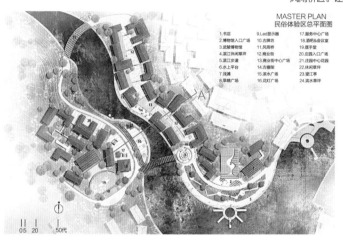

MASTER PLAN
民俗体验区总平面图

1.书店　　　　　9.Led显示器　　17.服务中心广场
2.博物馆入口广场　10.古牌坊　　　18.酒吧&会议室
3.武陵博物馆　　11.风雨桥　　　19.摆手堂
4.滨江休闲草坪　12.商业街　　　20.庄园入口广场
5.滨江步道　　　13.商业中心广场　21.庄园中心花园
6.水上平台　　　14.古棚阁　　　22.休闲草坪
7.浅滩　　　　　15.滨水广场　　23.望江亭
8.草堆广场　　　16.花灯广场　　24.滨水草坪

服务中心分为两部分——酒吧（动）和会议室（静），动静结合。游客可以在这里了解摆手堂民俗表演活动场次，以及庄园手工艺活动和场次。与当地人畅聊交友

在景观河中会设有游船道，供游客体验，并形成滨水广场、滨水草坪和卵石浅滩的滨水景观区

商业街区属于互动型商业街，游客可以看到艺人们的工作过程，并与他们互动，此外还有商品的陈列和展示

古村落区和其东部的温泉度假区与民俗体验区形成良好的景观视线

（二）温泉度假区

1.入口停车场	9.独栋别墅	17.树屋
2.入口广场	10.驿站	18.温泉会所
3.接待中心	11.秘汤	19.回车场
4.廊架	12.火山石泡池	
5.民宿式酒店	13.集体温泉	
6.木平台	14.中型汤池	
7.烛影池	15.跌水式温泉	
8.集散广场	16.温泉入口广场	

总用地面积	19200.000m²
建筑占地面积	1662.640m²
建筑面积	4173.440m²
绿地率	84.5%

A-A'剖立面

B-B'剖立面

（三）古村落区

概念规划｜总平面图

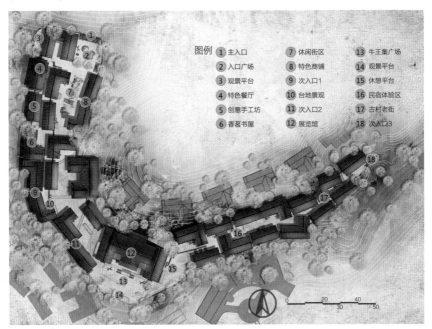

图例
1 主入口　　7 休闲街区　　13 牛王集广场
2 入口广场　　8 特色商铺　　14 观景平台
3 观景平台　　9 次入口1　　15 休憩平台
4 特色餐厅　　10 台地景观　　16 民宿体验区
5 创意手工坊　11 次入口2　　17 古村老街
6 香茗书屋　　12 展览馆　　　18 次入口3

概念规划｜鸟瞰图

详细设计 | 效果图

概念规划 | 功能分区

特色商铺区
Special shop area

创意文艺区
Creative arts and art area

商业街区
Commercial street

文化娱乐区
Culture and recreation area

古村老街区
Old block area

概念规划 | 剖面图

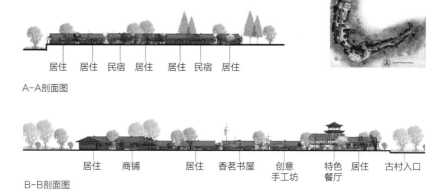

居住　居住　民宿　居住　居住　民宿　居住

A-A剖面图

居住　商铺　　　居住　香茗书屋　创意　特色　居住　古村入口
　　　　　　　　　　　　　　　手工坊　餐厅

B-B剖面图

（四）生态度假

方案总平面图

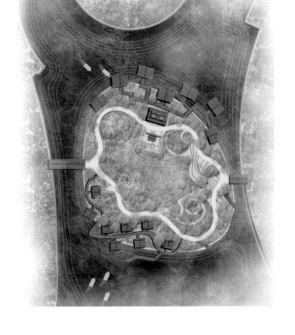

1. 风雨长廊　　8. 情人坡
2. 游船码头　　9. 戏台天地
3. 附坡雅居　　10. 人文广场
4. 砾石滩涂　　11. 服务中心
5. 活力天地　　12. 临水别墅
6. 流线广场　　13. 艺术景墙
7. 阳光草坪　　14. 木栈桥

N

0510 20

总用地面积	11843.4m²
建筑面积	2087m²
建筑占地面积	1426m²
容积率	17.6%
绿地率	65.3%

方案生成及分析图

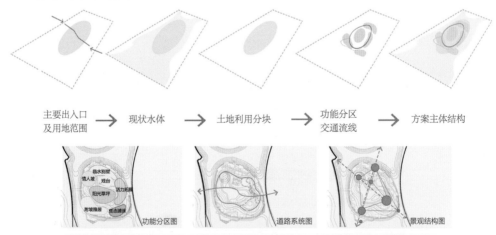

主要出入口　→　现状水体　→　土地利用分块　→　功能分区　→　方案主体结构
及用地范围　　　　　　　　　　　　　　　　交通流线

功能分区图　　　道路系统图　　　景观结构图

针对岛内建设后要满足游览观光的全方位性，健全全岛一体化交通，促进不同功能区之间的联系，主园路以环状贯通全岛，同时辅以二级道路和木栈道等丰富游览体验。

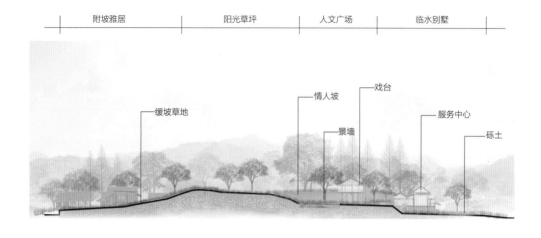

附坡雅居 | 阳光草坪 | 人文广场 | 临水别墅

戏台

情人坡

缓坡草地

服务中心

景墙

砾土

木栈桥效果图

（五）商业民宿区（东西二区）

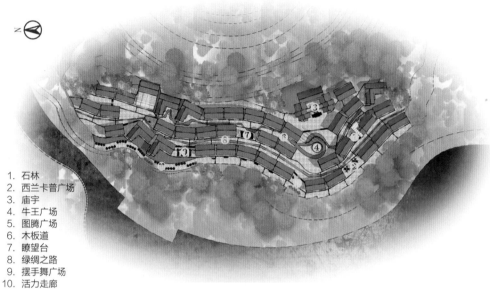

1. 石林
2. 西兰卡普广场
3. 庙宇
4. 牛王广场
5. 图腾广场
6. 木板道
7. 瞭望台
8. 绿绸之路
9. 摆手舞广场
10. 活力走廊

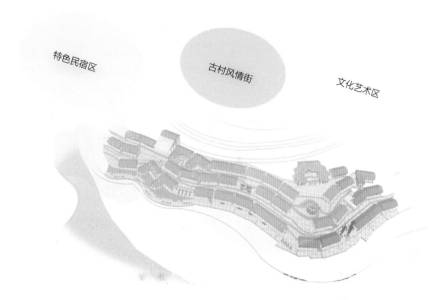

特色民宿区　　　古村风情街　　　文化艺术区

　　由地域属性综合考虑，变更设计现场的劳动密集型农田模式，改为旅游服务性商业，提高感官体验，软化建筑与山地之间的关系。武陵山区作为区域特色，应从根本出发，给予自然保护，维护生态多样性。对于古村落更多的是基于传承的思想，对具有历史价值的文化及文物进行保护与传承。

彩色总平面图

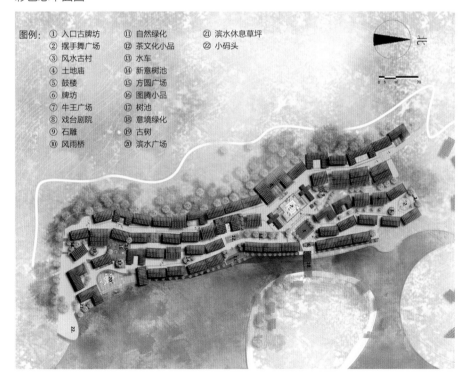

图例：
① 入口古牌坊　⑪ 自然绿化　㉑ 滨水休息草坪
② 摆手舞广场　⑫ 茶文化小品　㉒ 小码头
③ 风水古村　⑬ 水车
④ 土地庙　⑭ 新意树池
⑤ 鼓楼　⑮ 方圆广场
⑥ 牌坊　⑯ 图腾小品
⑦ 牛王广场　⑰ 树池
⑧ 戏台剧院　⑱ 意境绿化
⑨ 石雕　⑲ 古树
⑩ 风雨桥　⑳ 滨水广场

效果图

牛王节广场

功能分区

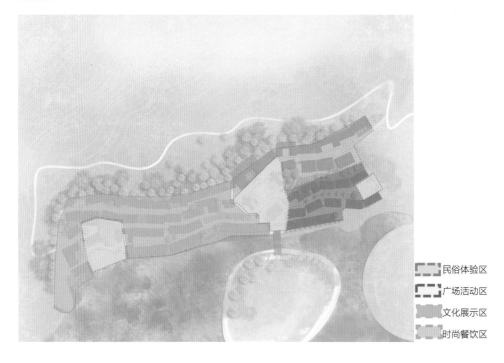

民俗体验区
广场活动区
文化展示区
时尚餐饮区

| 河水 | 商铺 | 风雨桥 | 商铺 | 牛王节广场 | 自然绿化 |

整体场地立面图

整体场地剖面图（二）

| 场地 | 商铺 | 步道 | 商铺 | 步道 | 商铺 | 步道 | 商铺 | 自然绿化 |

| 河水 | 商铺 | 风雨桥 | 商铺 | 牛王节广场 | 自然绿化 |

| 场地 | 商铺 | 步道 | 商铺 | 步道 | 商铺 | 步道 | 商铺 | 自然绿化 |

（六）农耕体验区

场地分析与设计策略

功能分区

入口服务区：解决旅游集散、交通中转、咨询服务等功能，生态化景观设计展示鄂西山村生态、原生的山地农耕风貌。

古集市区：向游客展示昔日水运市集的印象，与临河河岸缓冲带滨水景观节点共同形成商街活力。

手工作坊区：原始手工工艺制作艺术街巷，向游客展现鄂西山村土家族人独特的艺术审美和勤劳勇敢的精神文化内核。

农耕文化广场：梯地退台式滨水设计，呼应周围山水农耕文化环境，让游客呼吸山间自然风光。

农耕体验馆：展现树巢为家、渔猎山伐、梯地禾田的农耕文化史，让游客在馆中体验与参与农耕的历史演变。

生态采摘餐厅：提供采摘区体验和餐饮服务，让游客参与农作物采摘和农耕文化互动。

1.古牌坊

2.前店后商L型商铺

3."U"型河岸起吊商铺

4."一"字型沿街商铺

5.民宿区入口

6.吧廊

7.廊架

8.景观树

9.石板路铺装

10.街面砖铺装

11.景观河道

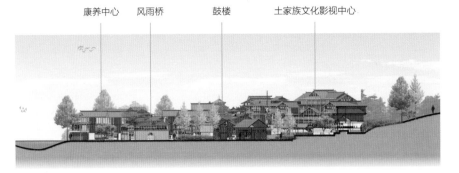

康养中心　　风雨桥　　　鼓楼　　　　土家族文化影视中心

酒吧街　　美食街　　手工艺街

二、规划节点

（一）游客服务中心

游客服务中心出入口　　　　平面图

休息室

花海

梯田

游客服务中心：

　　建筑与景观均沿袭了土家民居风格，但在此基础上再设计出简约的现代中式风格、体量相对较大、功能齐全的游客服务中心。门口保留了开阔广场活动空间，满足集散的同时也对通往商街的人流进行了合理的引导和疏流，周围有花海，与外围的梯田、远山相融合。

（二）特色商业街

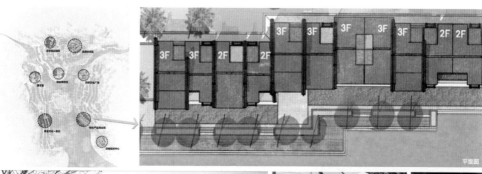

特色产品商业街：

　　简朴的民居，亲水的商业空间，空间沿着水岸线舒缓变化，设栏观水，设平台亲水。慢慢引导人流通往民俗文化区。该特色商业街主营业务是农产品的加工与销售，以及土家传统技艺的展示。

（三）农耕文化广场

农耕文化广场：

　　此广场承载了从风雨廊桥和游客服务中心来的人流集散功能，也是农耕文化形象展示区，该展示区通过农耕主题的雕塑和相关农具进行文化呈现和与游客互动。

（四）民俗博物馆

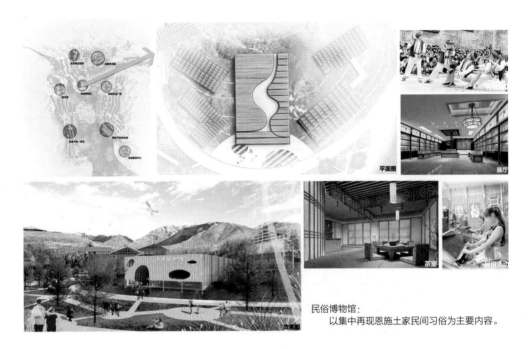

民俗博物馆：
  以集中再现恩施土家民间习俗为主要内容。

（五）摆手堂

摆手堂：
  土家传统建筑之一。摆手堂前有开阔的广场可满足节庆活动。

（六）美食文化街

美食文化一条街：

　　逛完民俗区，古村落后的一段休闲娱乐商业街，建筑依据原有肌理、风格，结合牌坊，融合在整个商业街中。

（七）温泉休闲区

温泉休闲区：

　　整个场地是原始古村落内凸起的一个小山丘，在山顶可看到古村的全貌，视线效果绝佳。私密性极强。

（八）文创商业街

文创商业组团:

商业院落，区块位于一个狭长的范围内，区域私密性较强，适合于建设文艺气息浓厚的文创商业。

第四节 吊脚楼建筑艺术

一、建筑设计理念

（一）选址与布局

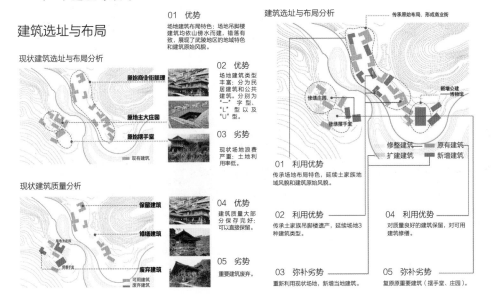

建筑选址与布局

现状建筑选址与布局分析

原始商业街肌理
原始地主大庄园
原始摆手堂

现有建筑

现状建筑质量分析

保留建筑
修缮建筑
废弃建筑

可用建筑
废弃建筑

01 优势
场地建筑布局特色: 场地吊脚楼建筑均依山傍水而建，错落有致，展现了武陵地区的地域特色和建筑原始风貌。

02 优势
场地建筑类型丰富，分为民居建筑和公共建筑。分别为"一"字型、"L"型以及"U"型。

03 劣势
现状场地浪费严重: 土地利用率低。

04 优势
建筑质量大部分保存完好: 可以直接保留。

05 劣势
重要建筑废弃。

建筑选址与布局分析

传承原始布局，形成商业街

修缮庄园
修缮摆手堂

新增公建
博物馆

修整建筑 — 原有建筑
扩建建筑 — 新增建筑

01 利用优势
传承场地布局特色，延续土家族地域风貌和建筑原始风貌。

02 利用优势
传承土家族吊脚楼遗产，延续场地3种建筑类型。

03 弥补劣势
重新利用现状场地，新增当地建筑。

04 利用优势
对质量良好的建筑保留，对可用建筑修缮。

05 弥补劣势
复原原重要建筑（摆手堂、庄园）。

场地分析与设计策略

竖向设计

吊脚楼组合形式：

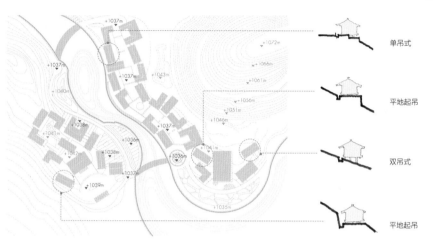

单吊式

平地起吊

双吊式

平地起吊

（二）建筑功能改造

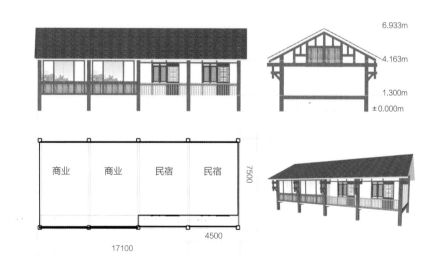

详细设计 | 单体建筑改造

　　游客喜欢的乡村是具有原始村落意境的乡村，而绝非使用功能落后、不便利的乡村，建筑的内部空间使用功能还是要保证现代生活的使用需求的。所以在改造建筑时，保留了当地吊脚楼建筑的外部原始风貌，采用当地的建筑风格和材料对原有建筑进行内部空间的修整和改造，制定适合于当地居民生产生活的现代化宜居环境。

改造方案一：民宿

　　一楼用于给原住居民居住，二楼作为民宿，给外来游客提供不一样的乡村生活体验，阁楼作为仓储空间存放生活用品。

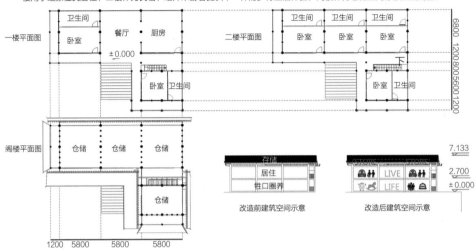

改造方案二：商铺

　　一楼作为商铺，面向广大游客，提供餐饮、娱乐、周边展示等服务；二楼给原住居民居住，阁楼作为仓储空间存放生活用品。

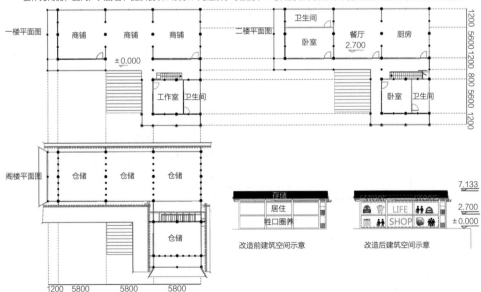

（三）建筑立面改造

吊脚楼立面改造

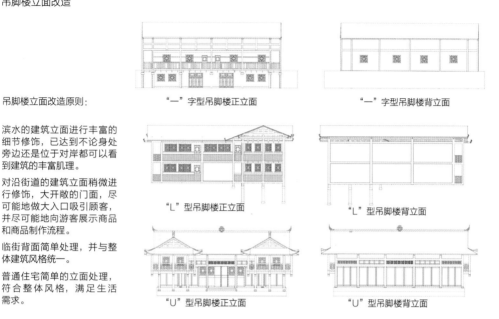

吊脚楼立面改造原则：

滨水的建筑立面进行丰富的细节修饰，已达到不论身处旁边还是位于对岸都可以看到建筑的丰富肌理。

对沿街道的建筑立面稍微进行修饰，大开敞的门面，尽可能地做大入口吸引顾客，并尽可能地向游客展示商品和商品制作流程。

临街背面简单处理，并与整体建筑风格统一。

普通住宅简单的立面处理，符合整体风格，满足生活需求。

"一"字型吊脚楼正立面

"一"字型吊脚楼背立面

"L"型吊脚楼正立面

"L"型吊脚楼背立面

"U"型吊脚楼正立面

"U"型吊脚楼背立面

吊脚楼立面改造

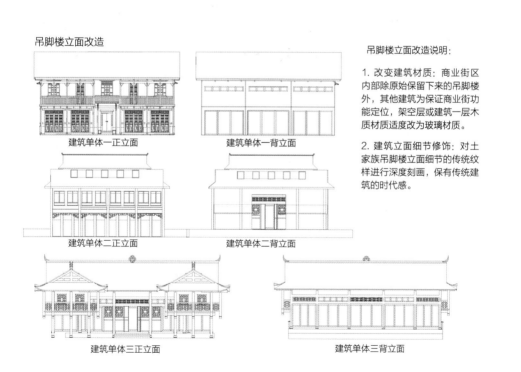

建筑单体一正立面

建筑单体一背立面

建筑单体二正立面

建筑单体二背立面

建筑单体三正立面

建筑单体三背立面

吊脚楼立面改造说明：

1. 改变建筑材质：商业街区内部除原始保留下来的吊脚楼外，其他建筑为保证商业街功能定位，架空层或建筑一层木质材质适度改为玻璃材质。

2. 建筑立面细节修饰：对土家族吊脚楼立面细节的传统纹样进行深度刻画，保有传统建筑的时代感。

（四）建筑附属物改造

吊脚楼改良设计

A. 改造前后平面对比图

对于商业街的部分建筑进行改良设计，意图增强建筑与游客之间的关系。
如：增加室外玻璃构架，供艺人展示商品及制作流程。

改造策略

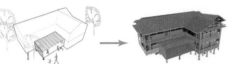

商业街建筑扩建　过度空间连接商业街和建筑本身　加强游客与建筑之间的关系

改造结果：

B. 改造前后平面对比图

对于商业街的部分建筑进行改良设计，意图增强建筑与游客之间的关系。
如：增加室外花架和雨篷，增大商业及绿化面积，吸引游客入店观赏。

改造策略

商业街建筑扩建　过度空间连接商业街和建筑本身　加强游客与建筑之间的关系

改造结果：

玻璃

恩施土家族吊脚楼

新型吊脚楼

改造说明：
1. 建筑外立面采用木材与玻璃结合的方式，增强建筑的通透性，提高采光效果。
2. 建筑外搭建玻璃篷架，延伸空间。

二、公共建筑艺术

（一）武陵博物馆

放大平面图

1. 漂浮亭
2. 圆环亲水平台
3. 滨江步道
4. 景观草坪
5. 步行道
6. 博物馆前广场
7. 武陵博物馆
8. 书店
9. 会议室
10. L型吊脚楼民居
11. 一字型吊脚楼民居
12. 卵石浅滩
13. 景观河道

滨水广场&博物馆放大平面图

休闲草坪的形态来源于土家图案——月牙

提取吊脚楼的排扇与柱结构，并在柱脚给予垂花装饰

效果图

设计灵感

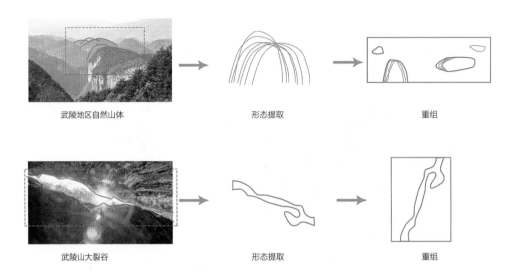

武陵地区自然山体　　　　　　形态提取　　　　　　重组

武陵山大裂谷　　　　　　形态提取　　　　　　重组

立面图

概念设计

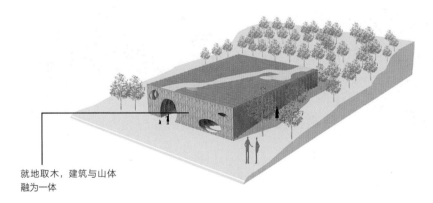

就地取木，建筑与山体
融为一体

（二）摆手堂

效果图　　　木雕牛角柱来源于土家族牛王节，体现土家族经久不衰的木雕工艺。

土家族姑娘们能歌善舞。在晚上，这里会有篝火晚会、茅古斯舞蹈表演以及很多其他民俗表演活动，是人气聚集地。

（三）民俗商业

1. 特色民族铺装
2. 古街道
3. 滨水广场
4. 特色景观墙
5. 坐凳
6. 古棚架
7. 景观树
8. 休息凳
9. 人水平台
10. 卵石浅滩
11. 滨水草坪
12. 望江亭
13. L型吊脚楼民居
14. 一字型吊脚楼民居
15. 景观河

标准段效果图

效果图   "L"型吊脚楼民居   古篷架   "一"字型吊脚楼民居
                                              文化景墙

（四）温泉接待中心

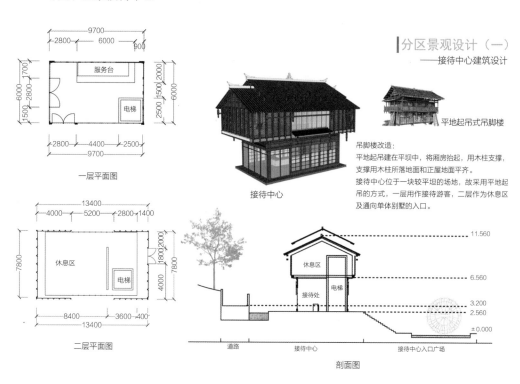

一层平面图

二层平面图

接待中心

平地起吊式吊脚楼

吊脚楼改造：
平地起吊建在平坝中，将厢房抬起，用木柱支撑，支撑用木柱所落地面和正屋地面平齐。
接待中心位于一块较平坦的场地，故采用平地起吊的方式，一层用作接待游客，二层作为休息区及通向单体别墅的入口。

剖面图

道路　接待中心　接待中心入口广场

——接待中心立面改造

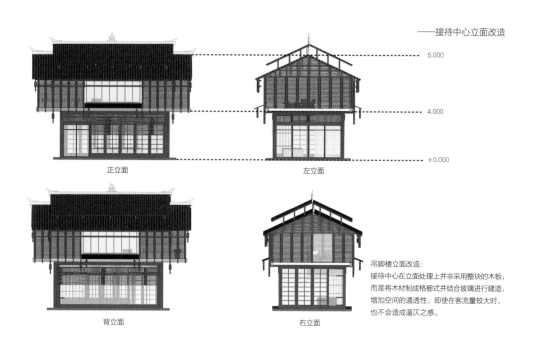

正立面

左立面

背立面

右立面

吊脚楼立面改造：
接待中心在立面处理上并非采用整块的木板，而是将木材制成格栅式并结合玻璃进行建造，增加空间的通透性，即使在客流量较大时，也不会造成逼仄之感。

（五）温泉别墅、树屋

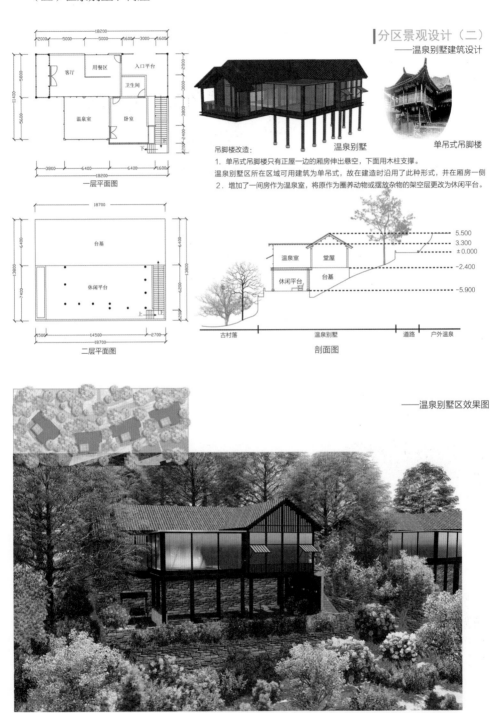

一层平面图

客厅　用餐区　入口平台　卫生间　温泉室　卧室　下

单吊式吊脚楼

温泉别墅

吊脚楼改造：

1. 单吊式吊脚楼只有正屋一边的厢房伸出悬空，下面用木柱支撑。

温泉别墅区所在区域可用建筑为单吊式，故在建造时沿用了此种形式，并在厢房一侧

2. 增加了一间房作为温泉室，将原作为圈养动物或摆放杂物的架空层更改为休闲平台。

二层平面图

台基　休闲平台　上

剖面图

温泉室　堂屋　休闲平台　台基

5.500　3.300　±0.000　-2.400　-5.900

古村落　温泉别墅　道路　户外温泉

——温泉别墅区效果图

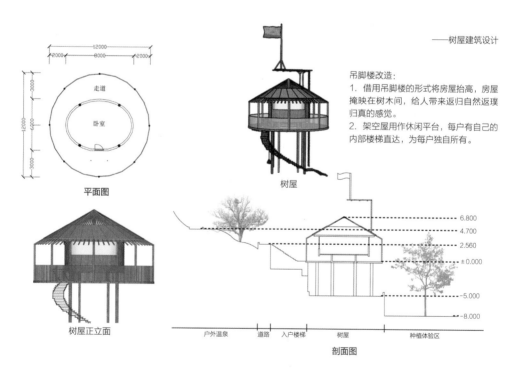

——树屋建筑设计

平面图

树屋正立面

树屋

吊脚楼改造：

1. 借用吊脚楼的形式将房屋抬高，房屋掩映在树木间，给人带来返归自然返璞归真的感觉。

2. 架空屋用作休闲平台，每户有自己的内部楼梯直达，为每户独自所有。

剖面图

户外温泉　道路　入户楼梯　树屋　种植体验区

（六）游客中心

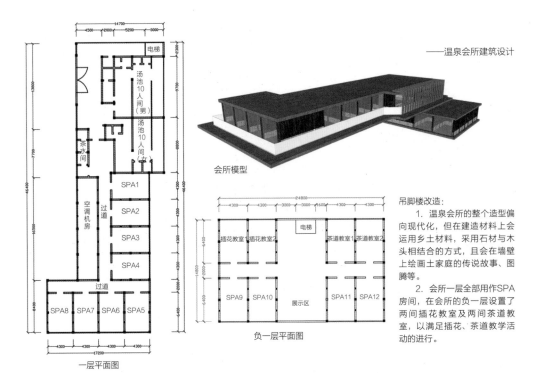

会所模型

——温泉会所建筑设计

一层平面图

负一层平面图

吊脚楼改造：

1. 温泉会所的整个造型偏向现代化，但在建造材料上会运用乡土材料，采用石材与木头相结合的方式，且会在墙壁上绘画土家庭的传说故事、图腾等。

2. 会所一层全部用作SPA房间，在会所的负一层设置了两间插花教室及两间茶道教室，以满足插花、茶道教学活动的进行。

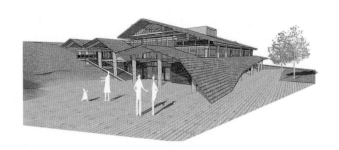

——游客服务中心设计

吊脚楼改造：

保留吊脚楼的部分结构形式，结合坡地最大限度地运用吊脚楼的元素进行改建。坡屋顶结合木构架和玻璃，在吊脚文化中融入新元素，使之成为具有历史文脉的现代建筑。

一层：工作室、杂物室、门厅
二层：接待室、活动室、木平台
顶层：储藏室

正立面图

剖立面图

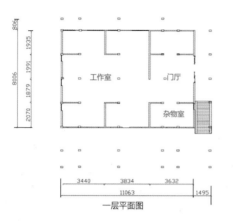

工作室　　门厅

杂物室

806
1935
1991
1879
2070
8006

3440　　3834　　3632
11063　　1495

一层平面图

活动室

木平台

接待室

2114
3948
1910
3394
11349

1821　3397　　3777　　3795　2436
15225

二层平面图

7.306m 4

5.502m 3

2.849m 2

± 0.000m 1

左立面图

详细设计｜节点平面图

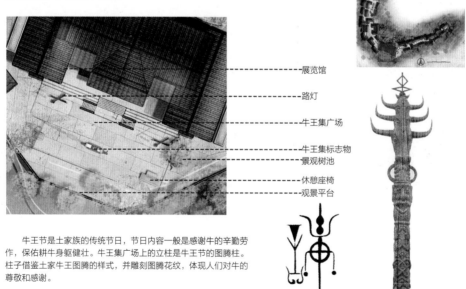

—— 展览馆

—— 路灯

—— 牛王集广场

—— 牛王集标志物
—— 景观树池

—— 休憩座椅

—— 观景平台

　　牛王节是土家族的传统节日，节日内容一般是感谢牛的辛勤劳作，保佑耕牛身躯健壮。牛王集广场上的立柱是牛王节的图腾柱。柱子借鉴土家牛王图腾的样式，并雕刻图腾花纹，体现人们对牛的尊敬和感谢。

三、民居建筑艺术

（一）民居建筑一

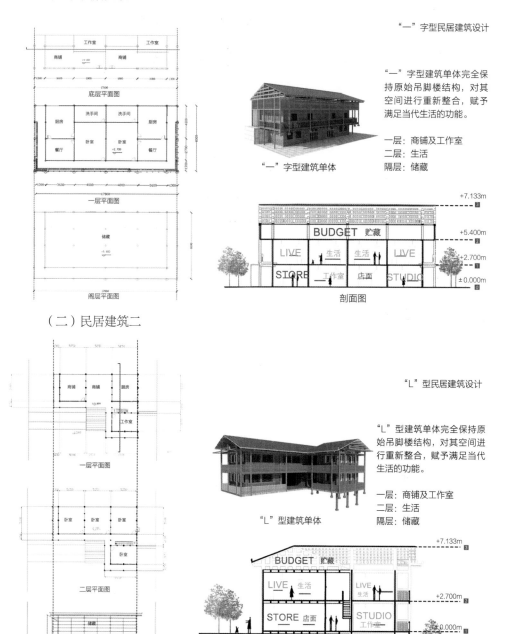

"一"字型民居建筑设计

"一"字型建筑单体完全保持原始吊脚楼结构，对其空间进行重新整合，赋予满足当代生活的功能。

一层：商铺及工作室
二层：生活
隔层：储藏

"一"字型建筑单体

剖面图

（二）民居建筑二

"L"型民居建筑设计

"L"型建筑单体完全保持原始吊脚楼结构，对其空间进行重新整合，赋予满足当代生活的功能。

一层：商铺及工作室
二层：生活
隔层：储藏

"L"型建筑单体

剖面图

（三）民居建筑三

一层平面图

二层平面图

阁层平面图

"U"型民居建筑设计

"U"型建筑单体

剖面图

"U"型建筑单体完全保持原始吊脚楼结构，对其空间进行重新整合，赋予满足当代生活的功能。

一层：商铺及工作室
二层：生活
隔层：储藏

（四）民居建筑四

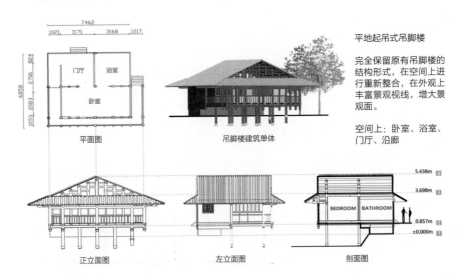

平面图

吊脚楼建筑单体

正立面图   左立面图   剖面图

平地起吊式吊脚楼

完全保留原有吊脚楼的结构形式，在空间上进行重新整合，在外观上丰富景观视线，增大景观面。

空间上：卧室、浴室、门厅、沿廊

（五）民居建筑五

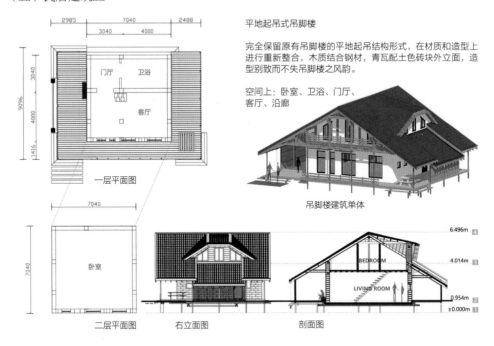

平地起吊式吊脚楼

完全保留原有吊脚楼的平地起吊结构形式，在材质和造型上进行重新整合，木质结合钢材，青瓦配土色砖块外立面，造型别致而不失吊脚楼之风韵。

空间上：卧室、卫浴、门厅、客厅、沿廊

一层平面图

二层平面图　右立面图　剖面图

吊脚楼建筑单体

（六）民居建筑六

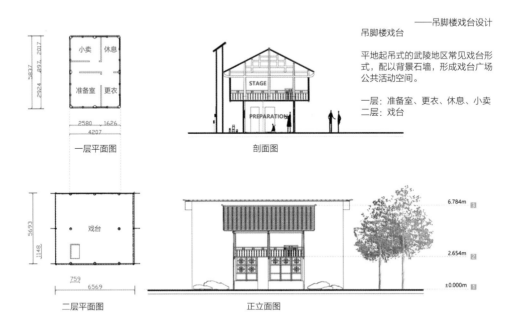

——吊脚楼戏台设计

吊脚楼戏台

平地起吊式的武陵地区常见戏台形式，配以背景石墙，形成戏台广场公共活动空间。

一层：准备室、更衣、休息、小卖
二层：戏台

一层平面图　剖面图

二层平面图　正立面图

（七）民居建筑七

详细设计│单体建筑改造

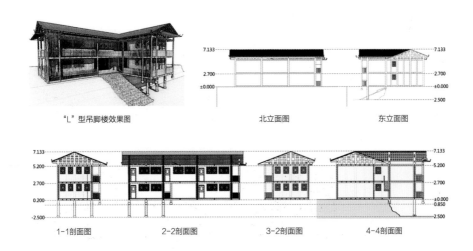

"L"型吊脚楼效果图　　　　　北立面图　　　　　东立面图

1-1剖面图　　　　2-2剖面图　　　　3-2剖面图　　　　4-4剖面图

（八）民居建筑八

建筑改造设计（一）

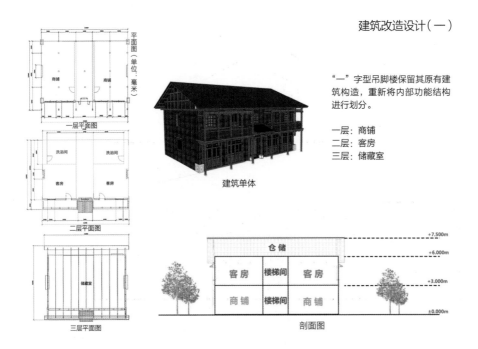

平面图（单位：毫米）

一层平面图

二层平面图

三层平面图

建筑单体

剖面图

"一"字型吊脚楼保留其原有建筑构造，重新将内部功能结构进行划分。

一层：商铺
二层：客房
三层：储藏室

（九）民居建筑九

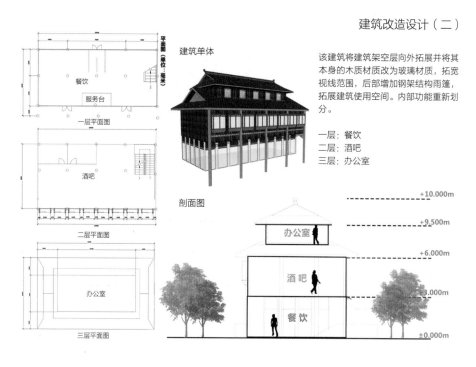

建筑单体

剖面图

该建筑将建筑架空层向外拓展并将其本身的木质材质改为玻璃材质，拓宽视线范围，后部增加钢架结构雨篷，拓展建筑使用空间。内部功能重新划分。

一层：餐饮
二层：酒吧
三层：办公室

（十）民居建筑十

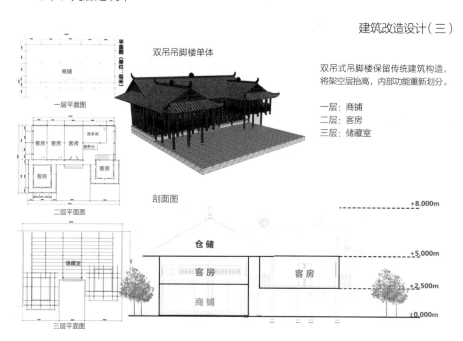

双吊吊脚楼单体

剖面图

双吊式吊脚楼保留传统建筑构造，将架空层抬高，内部功能重新划分。

一层：商铺
二层：客房
三层：储藏室

（十一）民居建筑十一

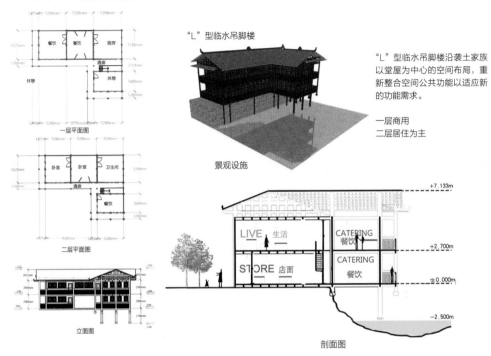

一层平面图

二层平面图

立面图

"L"型临水吊脚楼

景观设施

剖面图

"L"型临水吊脚楼沿袭土家族以堂屋为中心的空间布局，重新整合空间公共功能以适应新的功能需求。

一层商用
二层居住为主

（十二）民居建筑十二

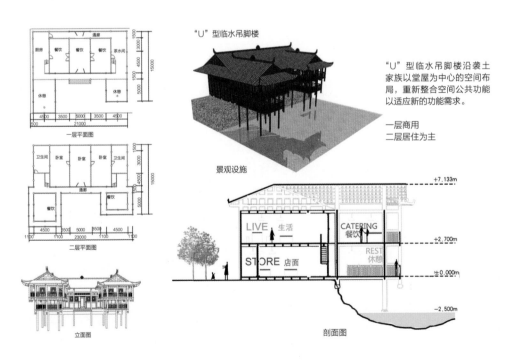

一层平面图

二层平面图

立面图

"U"型临水吊脚楼

景观设施

剖面图

"U"型临水吊脚楼沿袭土家族以堂屋为中心的空间布局，重新整合空间公共功能以适应新的功能需求。

一层商用
二层居住为主

（十三）民居建筑十三

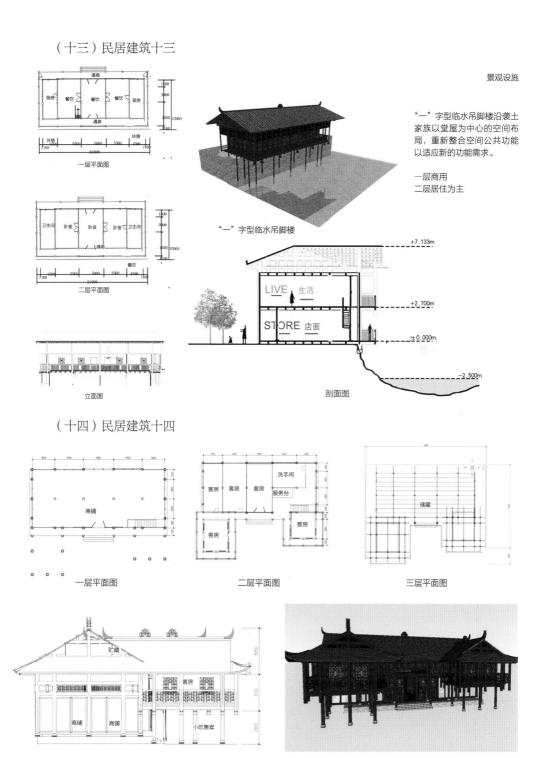

一层平面图

二层平面图

立面图

"一"字型临水吊脚楼

景观设施

"一"字型临水吊脚楼沿袭土家族以堂屋为中心的空间布局，重新整合空间公共功能以适应新的功能需求。

一层商用
二层居住为主

剖面图

（十四）民居建筑十四

一层平面图

二层平面图

三层平面图

（十五）民居建筑十五

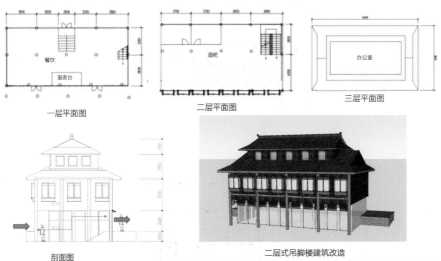

一层平面图　　二层平面图　　三层平面图　　剖面图

二层式吊脚楼建筑改造

酒吧街多采用二屋吊式吊脚楼，为适应地形，将其改造为穿透式建筑，在一层内部铺设台阶，可通过内部从地形较低一侧通往较高一侧。

（十六）民居建筑十六

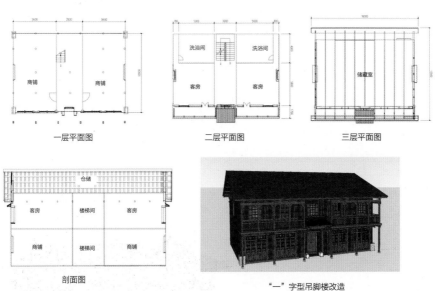

一层平面图　　二层平面图　　三层平面图　　剖面图

"一"字型吊脚楼改造

"一"字型吊脚楼立面保持原生态风貌，对其建筑内部进行改造，使其符合商业需求。

正立面图 背立面图

第五节　乡土景观艺术

古篷架：就地取木制作而成的古篷架，展现场地的古朴风味。可供原始居民以及游客休憩，同时也可充当商亭的功能。

花灯广场：花灯广场上布满民俗雕塑，展现土家族人们的生活场景。

在晚上，灯火齐放。上面、水面上空，以及广场雕塑被点亮，一片市井繁华。

古井：场地保留的古井景观被保留，这是孕育多代人的历史遗产。

特色铺装：由土家特色西兰卡普图案组成的特色铺装。

风雨桥

一、竹木、砖石、山水元素

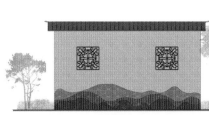
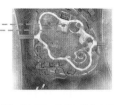

砖石景墙

砖石景墙

　　作为戏台背景，配以石雕窗纹、连绵不绝的山脉纹理，体现场地内所包含的民俗风情和山水文脉。

竹石景墙

　　正对戏台，与戏台互为对景的同时，通过漏窗设计配竹、石，形成框景，是戏台广场观赏缓坡草地的佳处。

　　稀疏竹影映射墙上，枝叶摇曳、片石生情。

竹石景墙

设计解读：

　　材料为木质，与周边建筑相适应。标准景观段中的短暂停留点位于地势较高处，可供游人眺望地势低处的风情街与生态岛，造型简洁，与步行街中的木板道材质统一，富有趣味性。

瞭望台

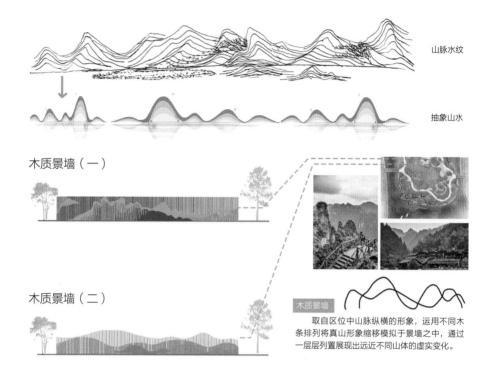

山脉水纹

抽象山水

木质景墙（一）

木质景墙（二）

木质景墙

　　取自区位中山脉纵横的形象，运用不同木条排列将真山形象缩移模拟于景墙之中，通过一层层列置展现出远近不同山体的虚实变化。

二、西兰卡普纹样元素

西兰卡普广场

设计解读：

　　广场由木质景观与土家特色纹案铺装组成。铺装图案取自土家语为"西兰卡普"的一种土家织锦，其特点为色彩对比强烈，图案朴素而富夸张，写实与抽象结合，极富生活气息。景观柱的材质则选用了土家族中常见的木头，造型简洁大方。

牛王广场

设计解读：

广场景观概念来源于恩施土家族牛王节，造型生动形象。牛王广场与后方庙宇位于文化艺术区，旨在宣传土家传统文化。土家人在牛王节祭祖先、吃牛王粑、唱牛王戏、对山歌等，牛王节成为追怀祖先、沟通情感的民族大节。

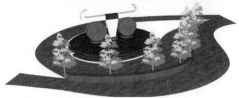

摆手舞广场

设计解读：

摆手舞广场以土家族少女欢快舞蹈的优美身影为抽象图案，将其作为广场铺装，与前方的活力走廊相呼应，营造出热情洋溢、大方活泼的土家族少女形象，激发游客游玩热情。

路段效果图

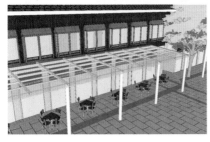

路灯挂旗采用土家族西兰卡普图案

三、吊脚楼元素

导视系统意向　选用与建筑元素相融合的导视系统。

亭　　　　　　　瞭望台　　　　　　　瞭望台　　　　　　　花架

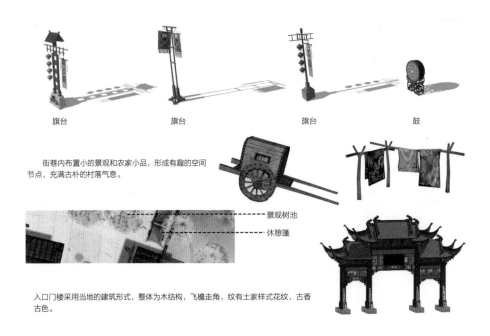

旗台　　　　　　　　旗台　　　　　　　　旗台　　　　　　　　鼓

　　街巷内布置小的景观和农家小品，形成有趣的空间节点，充满古朴的村落气息。

———— 景观树池

———— 休憩篷

　　入口门楼采用当地的建筑形式，整体为木结构，飞檐走角，纹有土家样式花纹，古香古色。

四、图腾元素

设计解读：

　　广场中心以土家族特有背篓——札背为元素进行演变而成的木雕，其上刻有土家族图腾符号。广场外围是八根图腾柱，每根图腾柱不同高度的位置上架有图腾石，象征着土家人坚实的臂膀托起沉甸甸的札背。

参考文献

[1] （美）奥德姆. 人与自然：生态学基础[M]. 孙儒泳等译. 北京：人民教育出版社，1981.

[2] 费孝通. 中华民族多元一体格局[M]. 北京：中央民族大学出版社，1999.

[3] 湖北省住房和城乡建设厅. 湖北传统民居研究[M]. 北京：中国建筑工业出版社，2016.

[4] 张良皋. 武陵土家[M]. 北京：生活·读书·新知三联书店，2001.

[5] 董路. 巴风土韵——土家文化源流解析[M]. 武汉：武汉大学出版社，1999.

[6] 王红英，吴巍. 鄂西土家族吊脚楼[M]. 天津：天津大学出版社，2013.

[7] 蒙培元. 人与自然：中国哲学的生态观[M]. 北京：人民出版社，2004.

[8] 刘湘溶. 生态伦理学[M]. 湖南：湖南师范大学出版社，1992.

[9] 赵逵，李保峰，雷祖康. 土家族吊脚楼的建造特点——以鄂西彭家寨古建测绘为例[J]. 华中建筑，2007（06）.

[10] 侯幼彬. 中国建筑美学[M]. 北京：中国建筑工业出版社，2009.

[11] 徐仁瑶，王晓莉. 中国少数民族建筑[M]. 北京：中央民族大学版社，2007.

[12] 孙雁，覃琳，夏智勇. 渝东南土家族民居[M]. 重庆：重庆大学出版社，2004.

[13] 张欣. 苗族吊脚楼传统营造技艺[M]. 安徽：安徽科学技术出版社，2013.

[14] 谢希德. 创造学习的新思路[N]. 人民日报，1998-12-25（10）.

[15] 石庆秘. 张倩土家族吊脚楼营造技艺文献研究述评[N]. 湖北民族学院学报（哲学社会科学版）2015-06-28.

[16] 贺保平. 鄂西土家族传统乡村聚落景观的文化解析[D]. 武汉：华中农业大学，2009.

[17] 孙新旺，王浩，李娴. 乡土与园林——乡土景观元素在园林中的运用[J]. 中国园林，2008（08）.

[18] 刘滨谊. 人类聚居环境学引论[J]. 城市规划汇刊，1996（04）.

[19] 龙江，李莉萍. 土家族吊脚楼结构解读[J]. 华中建筑，2008（02）.

[20] 唐圣菊. 农耕文化视域下的江苏传统龙舞研究[J]. 艺术百家，2016，32（06）.

[21] 孙运宏，宋林飞. 当代中国历史文化名村保护的困境与对策[J]. 艺术百家，2016，32（06）.

[22] 杜春兰，龙灏. 西南山地建成环境的景观审美体验[J]. 新建筑，2007（05）.

[23] 张爱武，田晓梦. 土家族吊脚楼研究现状及其特点[J]. 湖北民族学院学报（哲学社会科学版），2011（03）.

[24] 吕文明，吴春明. 湘西石头建筑[J]. 中外建筑，2007（08）.

[25] 王莉，吴凡. 鄂西大水井古建筑群考察报告[J]. 华中建筑，2004（02）.

[26] 刘晓晖，覃琳. 土家吊脚楼的特色及其可持续发展思考——渝东南土家族地区传统民居考察[J]. 武汉理工大学学报（社会科学版），2005（02）.

[27] 石庆秘，张倩. 土家族吊脚楼营造技艺文献研究述评[J]. 湖北民族学院学报（哲学社会科学版），2015（03）.

[28] 周真刚. 文化遗产法视角下的黔东南苗族吊脚楼保护研究[J]. 贵州民族研究，2012（06）.

[29] 朱世学. 论土家族吊脚楼的审美功能和社会功能[J]. 湖北民族学院学报（哲学社会科学版），2004（06）.

[30] 金潇骁. 两种山地建筑的生态适应性研究——以福建客家土楼和贵州苗族吊脚楼为例[J]. 贵州社会科学，2012（01）.

[31] 周毅. 吊脚楼：生长在山地江岸的古老建筑——漫谈重庆吊脚楼之二[J]. 重庆建筑，2018（02）.

[32] 王炎松，袁梦，庞辉. 鄂西土家族吊脚楼的形态特征与文化内涵[J]. 中南民族大学学报（人文社会科学版），2018（01）.

[33] 罗晓光. 湘西凤凰古城河岸吊脚楼建筑特色探析[J]. 湖南工业大学学报（社会科学版），2009（04）.